JN135487

TECHNICAL WRITING

成果を生み出す
テクニカル ライティング

トップエンジニア・研究者が実践する
思考整理法

藤田 肇
HAJIME FUJITA

技術評論社

目次

はじめに ―― あなたがテクニカルライティングを習得すべき理由 6

第1章 成果創出の基盤はコミュニケーション能力にあり 17
なぜ言語化の精度を高めれば実務能力も高まるのか？

1-1 実務能力とコミュニケーション能力の意外な関係 18
エンジニア・研究者に求められる２つのミッション 18
ミッションの遂行に必要な２つの能力 19
軽視されがちなコミュニケーション能力 21

1-2 実務能力 ―― 成果を生み出すメインエンジン 23
課題を発見する能力
― いま何に対して答えを出す必要があるか? 23
解決策を考える能力
― 設定した課題に対してどうアプローチするか? 31

1-3 コミュニケーション能力 ―― 実務能力を伸ばす成長エンジン 36
相対化する能力
― 自身の取り組みはどのように位置付けられるか? 36
言語化する能力
― どのように思考を整理し他人が理解できるようにするか? 43

1-4 コミュニケーション能力不足が招く悲劇 48
課題を適切に設定できない
― いま何に答えを出せばよいかが分からない 49
課題にフォーカスできない
― 何をしようとしていたのか途中で迷ってしまう 51
解決方法を思いつかない
― どうすればよいかが分からない 53
内容を理解してもらえない
― 誰にも相談できない 54

1-5 成果を生み出すためのコミュニケーション能力 59
コミュニケーション能力の本質
— 言語化こそが「サイエンス」の過程になる 59
正しい言語化は正しいPDCAを導く
— コミュニケーション能力が組織を変える 60

第2章 テクニカルライティングの黄金フォーマット
誰もが実践できるフレームワークを用いた思考整理法 63

2-1 研究開発にありがちなコミュニケーションの不調 64

2-2 「黄金フォーマット」にのっとって文章化する 65
なぜフォーマットにのっとる必要があるのか？ 65
立体的な関係性を重視する黄金フォーマット 67
関係性を満たさないダメな例 70
黄金フォーマットにのっとって改善した例 75
黄金フォーマットを用いる効果 78

2-3 背景 —— 基礎（従来技術）の確認 82
今後の展開を説明するうえでの「基礎」を明確にする 82
必要な「背景」の粒度は聞き手によって異なる 83
「背景」を詳細化するためのピラミッド形式 84

2-4 課題 —— 従来技術では克服できない問題点 86
「課題」を正確に言語化し、仮説の精度を上げる 86
「課題」を詳細化するためのピラミッド形式 88

2-5 手段 —— 新しいアプローチ 90
差分「のみ」をオリジナリティとして抽出する 90
オリジナリティを見誤るとインパクトの評価も不正確になる 91
英文を想像して言語化の精度をチェックする 93

2-6 効果 —— 今回の新たな発見 95
「課題」の裏返しが「効果」になる 95
研究開発の過程では結論が課題解決に繋がるとは限らない 97

2-7 さらに改善してみよう
—— 黄金フォーマットを意識した説得力のある技術資料 98

2-8 2種類の構成パターン
—— 黄金フォーマットを現実化する資料の流れ 102
ストーリー重視の「報告・相談型」 102

結論重視の「提案型」……103

2-9 テクニカルライティングのチェックポイント……105

第3章 評価に繋がる「進捗報告書」 107
基本を忠実に実践して信用と実績を積み上げよう

3-1 すべての基本が詰まった進捗報告書……108
「要約」という高度な能力が求められる……108
黄金フォーマットで理想的な報告を実現する……109
ダメな報告書が生み出す悲劇……112

3-2 Before/After —— 自然言語処理の研究に関する週次報告書……114
Before — ダメな進捗報告書……115
なぜこの進捗報告書がダメなのか？……115
After — 優れた進捗報告書……119
ダメな進捗報告書との違いは何か？……119

3-3 報告書教育が組織を強くする……122

第4章 納得してもらえる「技術プレゼン」 125
聞き手とその目的を理解して効果的にアピールしよう

4-1 誰に、何のために、なぜプレゼンをするのか？……126
誰に対してプレゼンするのか？（WHO）……127
そのプレゼンの目的は何か？（WHAT）……129
その内容で目的を達成できると考える理由は何か？（WHY）……130
資料作成の前にストーリーラインを決める……134

4-2 Before/After
—— 自然言語処理の研究成果に関する非技術者向けプレゼン……138
Before — ダメな技術プレゼンテーション……138
なぜこの技術プレゼンテーションがダメなのか？……140
After — 優れた技術プレゼンテーション……143
ダメな技術プレゼンテーションとの違いは何か？……145

4-3 プレゼン資料をもっと魅力的にするために……147
プレゼン資料の型に注意する……147
スライド間の関係・位置づけを意識する……149

第5章 予算がとれる「研究企画書」 151
高い視座から意気込みを示して意思決定を促そう

5-1 意志決定のプロセスを理解し、合理的な企画を立案する ... 152
2つ上の上司に提案するつもりで書く ... 154
理想的な結果とアプローチの方向性を示す ... 156
意思決定者の問いに論理的な回答を用意する ... 158

5-2 Before/After
—— 自然言語処理プロジェクトに関する研究企画書 ... 163
Before — ダメな企画書 ... 163
なぜこの研究企画書がダメなのか？ ... 164
After — 優れた企画書 ... 166
ダメな研究企画書との違いは何か？ ... 170

第6章 総合力が試される「論文・技術報告」 173
思考整理で論拠を詰めて必然の結果を得る

6-1 民間企業でも推奨される論文執筆 ... 174

6-2 論文の項目は黄金フォーマットの各ボックスに対応する ... 176
先行研究 — 黄金フォーマットにおける「背景・前提」 ... 176
課題 — 黄金フォーマットにおける「課題」 ... 177
手段 — 黄金フォーマットにおける「手段・アプローチ」 ... 179
結果・分析と考察 — 黄金フォーマットにおける「効果・結論」 ... 180
結論 — 黄金フォーマットのすべての欄を総括する ... 181

6-3 結果が出るまでに論文を書き上げる ... 183

6-4 最初に報告する相手は自分自身 ... 185

おわりに —— エンジニア・研究者として成果を出し続けるために ... **188**

はじめに
——あなたがテクニカルライティングを習得すべき理由

なぜ研究開発で成果を出せないのか？

若手のエンジニア・研究者には、研究開発で十分な成果を出せずに悶々と悩んでいる人が少なくないと思います。目の前の課題に集中し、それを解決できるアプローチを自分なりに必死で考えて結果を出しても、なかなか具体的な成果として認められない——そのように悩むエンジニア・研究者には、実は共通の傾向があります。

例えば、研究開発の進捗報告書を上司に提出すると、「さっぱり分からん」と首をかしげられ、そもそもこの研究開発を進めている目的や前回の報告内容まで立ち返ったうえで、今回の報告の趣旨を確認されることがあるのではないでしょうか。あるいは、チーム内で議論するための技術検討会（大学の研究室で言えばゼミナール）で発表しても、聞き手の反応が薄かったり、自分が発表した内容からずれた部分で議論が進んだりしないでしょうか。なんとなく心当たりがあるとすれば、それは研究開発における自身の取り組みを適切に言語化できていないことが原因です。

こう指摘すると、内心で腕に覚えのあるエンジニア・研究者ほど意外に感じるかもしれません。なにも手を抜いて技術資料を作っているわけではない、むしろ自分の取り組みに初めて接する人でも理解できるように、全体の構成を考え、新しいアプローチを詳細に説明し、実験結果を示すグラフを工夫していると反論したい気分になるでしょう。

そして、ここまで説明に労力を費やして伝わらないのは、受け手に理解する能力が欠けているからだと憮然としてため息をつきたくなるかもしれません。

その気持ちはよく分かります。私が大学・民間企業で研究開発に携わっていたときも、そう指摘されて同じような気分になったからです。しかし、研究開発の現場から退き、いろいろな経緯を経てそれを俯瞰する立場になってから当時を振り返れば、言語化できている「つもり」という重大な誤解こそが成果を出せない原因だったと気づいたのです。

●「理解できない」と言われ続けたエンジニア・研究者時代

ここで、少し私の経験を語ります。

大学院時代に指導教官だった教授は、私が新しく書いた論文の初稿を受け取るたびに、毎回私を自室に呼び出し、「君が書いた論文を読んでも、研究の内容を理解できない。論文にまとめた成果をここで説明してください」と口頭で詳細を述べるよう求めました。教授は黙ってそれを聞き、初稿を朱筆で修正しました。最終的に学会や学術誌に投稿する段階では、私が書いた文章はあまり残らなかったので、筆頭著者として論文に私の名前が載ることが恥ずかしい気分でした。

もちろん、私は手を抜いて書いていたわけではありません。それどころか、「同じ分野を研究する専門家であれば、さらりと読むだけでその全貌が理解できるだろう」といつも考えながら書いていたのです。つまり、誰に何と言われようと、私は自分の文章力・プレゼンテーション力に根拠のない自信を持っていました。そのため、朱筆の指示どおりに初稿を修正しながらも、「指導教官として私自身より研究内容を熟知している教授が異なる視点から文章を推敲すれば、読みやすくもなるだろう」と軽く考え、「理解できない」と言われた本質を深く考える機会を放棄してしまいました。

大学院を修了し、民間企業でデータサイエンティストとしてデータ分析の研究開発に携わっていた時代も同じでした。「もっと分かりやすく内容を説明してください」と、知的財産部から発明届出書（特許出願のために技術の内容を詳細に説明する文書形式の資料）を戻されるたびに、「この内容がなぜ理解できないのだ」と逆に憤慨する始末でした。

「自分の書き方に問題があるのではないか」と反省することもありませんでしたし、まして「知財担当者を納得させられない技術資料しか書けない自分は、自身で開発した技術の本質を理解していると言えるだろうか」と疑いを持つこともありませんでした。それればかりか、「そもそも、エンジニアは技術開発が仕事であって、発明届出書を書くなど雑用だ」と言い逃れをして、知財担当者を困らせていました。

その後、私は弁理士資格を取得して特許事務所に転職し、特許明細書の書き方について集中的に指導を受けました。特許明細書は、特許権の実体を規定する「権利書」であると同時に、発明の技術的な内容を開示する「技術文書」です。つまり、これまで私が根拠のない自信を持ったまま、真剣に取り組んでこなかった「テクニカルライティング」（技術文書の作成方法）を徹底して学ぶことになったのです。

そこで初めて、私がエンジニア・研究者だったころに書いた論文や技術資料は、**コミュニケーション能力の足りないダメ資料**であったことに気づきました。自分がこれまで「当然できている」と確信していたことを、「全然できていなかった」と痛感したわけですから、相当なショックでした。

●文書作成のための言語化能力と実務能力は相関する

同時に、興味深いことにも気づきました。それは「発明として技術的な完成度が高いほど、それを説明する資料の内容を理解しやすい」ということです。

弁理士は、クライアントから発明届出書を事前資料として受け取ったうえで、その内容の詳細を発明者（エンジニア・研究者）から直接ヒアリングするという段取りで特許明細書を書き上げます。このとき、発明届出書を一読するだけでヒアリングなど不要と感じられるほど、その本質から詳細まで明瞭に理解できる場合もあれば、どれほど届出書を深く読み込み、注意深く発明者の話を聞きながら技術的な内容を掘り下げても、なかなか理解できない場合もありました。そして、後者の場合より前者の場合の方が、エンジニア・研究者として優秀な人が多く、発明の質も高い傾向が明らかだったのです。

これに気づいたとき、私は「優秀な人が優れた成果を出したから、優れた資料を書くことができたのだろう」と安易に考えました。そして、私はエンジニア・研究者として優れた成果を出せなかったから、ダメ資料しか書けなかったのだと納得したのです。なるほど、要するに才能の問題で、私はエンジニア・研究者に向いていなかったのだと。

ところが、いつも優れた技術を開発し、分かりやすい届出書を出すエンジニアに「発明の秘訣は何ですか」と質問してその回答を得たとき、私はその納得が早合点であり、因果を逆に理解していたと気づいて衝撃を受けました。

彼は、日常的につけている開発ノートを、そのときこっそり私に見せてくれました。そこには、研究開発に関する彼の取り組みがびっしりと詳細に書かれており、初めてノートを見る私でも、彼が何を考えて研究開発を進めたかが手に取るように理解できました。例えば、先行技術の要点、未解決の課題、課題が生じる原因に対する仮説、それに対して可能なアプローチ、それらのアプローチの先行技術との差異、それらを試した結果、その結果が生じた理由に対する仮説、それを検証する次のアクションなど……研究開発で必要になる情報やそれを自分なりに解釈した思考の流れが、一冊の開発ノートにすべて美しく整理されていました。

このとき、「優れた成果を出したから、優れた資料を書けた」のではなく、**「日ごろから自身の取り組みを言語化して研究開発に取り組んだから、優れた成果を出せた」**という因果が真実であることに、私はようやく気づきました。つまり、**「思考を言語化できる」（正しく文書作成できる）ことが「研究開発の成果」に直結する**という現実を目の当たりにして衝撃を受けたのです。ということは、ダメ資料ばかり書いて「理解できない」と言われ続けたのに、なぜか「当然できている」という妙な自信と誤解を抱えたまま思考を適切に言語化しなかった私が、エンジニア・研究者としてイマイチだったのは、実は必然だったのです。

もし、早い段階で「言語化」の重要性とその正しい作法を身につけられていれば、いまも研究開発の最前線で戦えていたかもしれない――この現実に気づいたとき、「理解できない」と指摘された本質を謙虚に受け止めなかった自分がさすがに情けなくなりました。

テクニカルライティングで成果を上げる

●思考整理のための「黄金フォーマット」

私が本書をとおして読者に伝えたいことは、たった1つだけです。それは**「正しいテクニカルライティングの作法を身につけて思考を整理し、**

それを正確に言語化できるようになれば、研究開発で継続的に成果を上げられる」ということです。

論理的に文章を組み立てる過程をとおして、自分の思考を整理する方法論に触れる機会はなかなかありません。特に、技術的な内容を正確に他人に伝える枠組みは、長いサイエンスの歴史をとおして確立されており、それが思考の整理にもたらす効果が大きいことも間違いない事実ですので、本来は必修科目として学生に教えるべきだと私は思うのですが……残念ながら、大学の教養課程でもテクニカルライティングの作法を体系的に教えるカリキュラムは少ないようです。

私の場合は、発明者の思考を整理・明確化し、弁理士として自分の仕事を進めるためにテクニカルライティングの作法を身につけられました。しかし、こうした偶然がなければそれを知ることすらできないという事実は、日本の科学技術の見通しを悪くしている1つの原因になっていると思います。

本書では、言語化の重要性、特にエンジニア・研究者が研究開発を進めるうえで必須となる**「テクニカルライティングをとおした思考の整理法とその具体的な方法論**」に焦点を当て、それを集中的に説明しています。そのため、メインタイトルに「テクニカルライティング」という用語が入っており、具体例を紹介しながらその作法を解説するという「解説本」の体裁をとっているものの、「美しい技術文書を書く」こと自体を目的としてこれを解説する本では当然ありません。サブタイトルにあるとおり、本質的には「思考整理」の本です。

言語化のプロセスを経て思考が整理されると、まだ思考が十分に詰まっていない部分に気づくことができます。その部分を追い詰めるようにさらに言語化を進めれば、また新たな気づきがあり、言語化の余地が生まれます。このように、自分がいまどのような情報に基づいて何を考えているかを、まずは自分自身にうまく伝えることが重要です。本書は、その伝え方の枠組みを「テクニカルライティング」という切り口で説明します。

研究開発の現場における言語化は、自身の取り組みを大きな技術トレンドのなかで位置づけることによってオリジナリティを明確化し、そのオリジナリティによって課題解決に寄与したインパクトを正確に評価することを意味します。言い換えれば、その研究開発に着手した背景から最終的に得られた結果までを立体的な関係性で結び、1つのストーリーとして繋ぐことです。多くのエンジニア・研究者は、日常の業務に追われてこのプロセスを疎かにしがちなのですが、これを簡易に実現する手段として、本書では**「黄金フォーマット」にのっとって技術の内容を表現する方法**を紹介しています。

技術に関する新しいアイデアを適切に位置づけ、これを言葉にして見える化することには専門のスキルが必要となります。しかし、フォーマットを用いれば、記載の自由度が下がった分だけそれが容易になり、自然とオリジナリティとインパクトを明確にできます。その結果、自身の取り組みの全体像を明らかにするという思考の訓練を無意識にできるため、研究開発で成果を上げやすくなります。

●本書の構成と各章の概要

本書は、全部で6章から構成されています。

まず、エンジニア・研究者には、研究開発を推進する実務能力だけでなく、その内容を分かりやすく他人に伝える「コミュニケーション能力」も必要になること、そして、そのコミュニケーション能力とは具体的に何であり、それが実務能力とどのように関係しているかを最初に説明しています（第1章前半）。

また、エンジニア・研究者は、自身の取り組みのオリジナリティを明確化し、インパクトを評価することが求められます。もしこれが適切にできなければ、個人として、組織として、どのような弊害を招くかについても詳細に説明しています（第1章後半）。さらに、「思考を言語化できる」（正しく文書作成できる）ことと「研究開発の実務能力が高い」こととがなぜ相関するかについても、掘り下げて説明しています（第1章後半）。

次に、正確なテクニカルライティングを実践するための具体的な方法論を解説しています（第2章前半）。本書で提案するのは、**「黄金フォーマットにのっとって言語化する」という普遍的な方法論**です。

詳しくは本編に譲りますが、ダメ資料を書いてしまうエンジニア・研究者は、たいてい「読書感想文の罠」に陥っています。これは、小学校で多くの人が教えられる「心に感じたことを自由に表現しましょう」というエッセイ的な思想です。しかし、この思想に捕らわれたままでは、技術資料を書こうとしても「技術資料っぽいエッセイ」にしかなりません。自分の感じたことを自由に表現するフリーフォーマットのエッセイは、オリジナリティとインパクトを浮き彫りにする技術資料と対極にある文書です。本書では、この罠に陥らないように、黄金フォーマットを活用する方法を提案しています。

研究開発の過程でフォーマットに厳密に合わせて万全のテクニカルライティングを実現することは困難でしょうが、前述した優秀なエンジニアが実践していたように、これを意識しているのといないのとでは課題解決に向かう精度に大きな差が生じることを、具体例を出しながら説明します（第2章後半）。また、フォーマットにのっとって自身の取り組みを言語化した後、成果を他人に伝える目的に応じてそれを再構成する方法についても解説します（第2章後半）。

そして、本書の後半（第3章〜第6章）では、エンジニア・研究者が実際にテクニカルライティングを実践するシーンを想定し、各シーンでダメな例と理想的な例を具体的な内容を用いて説明しました。特に、黄金フォーマットにのっとって技術的な内容を正しく言語化できていることを前提として、それぞれに固有の注意点を掘り下げて説明し、より伝わりやすい技術文書・資料に仕上げる方法を説明しています。

最初に、第3章では、進捗報告書（週報）の書き方を解説しました。報告を受ける側が報告してほしいと考えている内容を理解し、それを伝わりやすく端的に要約するというコミュニケーション能力の本質を最も如実に示す形式が、「報告書」だからです。

次に、第4章では、テクニカルライティングによる文書作成を基礎にした技術プレゼンテーション資料の作成方法を解説しています。エンジニア・研究者が社外のコミュニティで成果・知見を共有する場が増え、個人のブランディングや技術力向上のきっかけとなるチャンスが増している背景を考慮しました。

そして、第5章では、研究企画書の書き方を解説しました。企業における研究開発の企画や学術機関における科研費の申請などにおいて、エンジニア・研究者が主体的に研究開発の内容を企画できれば、その自由度も高くなり、成果を上げやすくなるからです。

最後に、第6章では、本書の総括として論文・国際学会予稿・技術報告を書く際の注意事項をまとめました。特にIT分野を中心として、民間企業でも論文発表を後押しする傾向があるからです。

●部下・学生の指導にも役立つ文書作成の方法論

私は、主に若手のエンジニア・研究者に向けて本書を書きました。しかし、その若手を指導する立場にある管理職・チームリーダ・教員の方々にも読んでいただき、正しく言語化することの重要性を若手の部下や学生に伝えてほしいと考えています。

専門知識を備えた優秀な若手でも、技術資料を書かせると「技術資料っぽいエッセイ」を出してくるケースは、どこの企業・研究室にもあるのではないでしょうか。「文章力が不十分なだけだからそのうち改善するだろう」と楽観しがちなのですが、それは誤解です。残念ながら、「文章力」と「思考を言語化する作法」は別物であり、後者を知らないままエッセイしか書けないうちは、その若手が研究開発で十分に成果を上げることはできません。後進が育たなければ「研究開発」という貴重な投資を空費し、ジリジリと開発力を落とすことになりかねません。

とはいえ、「理解できない」と指摘して資料を突き返すだけでは本人も困惑するだけでしょうから、本書で解説するテクニカルライティングの作法を紹介し、本人が自覚していない欠点を自覚できるように促すことが重要になります。

詳しくは第3章で述べますが、私が考える理想の状態は、部下から上がってくる進捗報告書を上司が一読するだけで、PDCAが適切に回っている（研究開発が進捗している）かどうかを判断できることです。つまり、チームメンバーを全員集めて、口頭で順番に進捗を報告・共有させる会議をなくし、300～400文字程度で端的にまとめられた報告書ベースで各メンバーの進捗状況を把握し、このまま任せてよいか、フォローが必要かを判断できることが理想です。私の経験上、進捗確認・

共有のための会議は、現場のエンジニア・研究者に余計な負担をかけることが多いからです。

しかし、これを判断できるようにするためには、各メンバーが「上司は何を報告して欲しいと考えているか」を理解したうえで、それを適切に言語化できるスキルを身につける必要があります。本書を用いてテクニカルライティングの勘所を指導すれば、若手を育て、PDCAの精度を上げ、研究開発を加速させられるでしょう。

本書には、私自身が若手のエンジニア・研究者であったころに知っておきたかったことを詰め込みました。かつての私のように「ひとりよがりなダメ資料」を書き、成果を上げるチャンスを逃し続けるのは実にもったいないことです。本書を読まれたエンジニア・研究者の皆さんが、「優れた技術資料」を書くことをとおして優れた技術を研究・開発できるようになれば、著者としてこれに勝る喜びはありません。

成果創出の基盤はコミュニケーション能力にあり

なぜ言語化の精度を高めれば実務能力も高まるのか?

1-1 実務能力とコミュニケーション能力の意外な関係

どのような職種であっても、多くの人は職に対する自分の適性について悩むそうです。専門性が高い職業ほど向き・不向きを悩む傾向が強いため、マジメな若手のエンジニアや研究者は特に思い悩むことが多いかもしれません。例えば、同世代が業績を上げるたびにプレッシャーを感じたり、コンプレックスを刺激されたり……読者のなかには、「自分にエンジニアなんて向いていない」「研究開発なんてもっと頭のいい連中がやるべきだ」と葛藤している人がきっといるでしょう。

しかし、エンジニア職・研究職のいずれも、本人に最低限の素養さえあればよく、実際は向き・不向きが理不尽に作用しない職業だと私は考えています。生まれつきの体格や才能などの先天的な能力が必要とされる職業（スポーツ選手・芸術家など）と比べれば、エンジニア・研究者は、その「ミッション」を遂行するために必要となる能力の大部分を、本人の努力によって伸ばせる余地が大きいからです。これが本当なら、自分の向き・不向きを悩むよりも、そのミッションとそれに対応する能力とをまず理解し、その能力を伸ばす正しいアプローチを地道に継続する方が建設的です。

エンジニア・研究者に求められる２つのミッション

すべての職業は、一般化すると「社会に存在する課題を解決する」というミッションを負っています。例えば、消防士は「火事」という深刻な事故を課題としてこれを処理（解決）することがミッションの1つですし、医者は「病気」という根源的な悩みを課題としてこれを治療することがミッションの1つです。「ミッションの1つ」と書いたのは、各職業は複数のミッションを負っていることが通常だからです。例えば、消防士・医者は、火事・病気を予防することもミッションとしています。

同じように、工学系の研究者は、世の中に存在する不可能なことをサイエンスの枠組みで解釈し、これを可能にする技術的アプローチを考案することがミッションの1つですし、理学系の研究者は、人類がまだ解明できていない謎を解き明かすことがミッションです。また、ソフトウェアエンジニアは、新しいソフトウェアを開発することで、これまでにない情報処理をプロダクトとして世の中に送り出すことがミッションでしょう。スペシャリストとしての専門性が高くなるほどミッションも高度・抽象的になり、その職業の存在意義を示します。

一方で、エンジニア・研究者にはもう1つ重要なミッションがあります。それは、**「活動の結果を報告する」**というミッションです。その活動の成果は、「～できるようになった」「～であることが分かった」など、他人に共有して価値が出るものですから、例えば、進捗報告書、実際に作ったプロダクト、プレゼンテーション、技術者ブログ、学術論文、研究報告、特許出願など、何らかのアウトプットとして「報告」する必要があります。この報告を怠ると、やりっぱなしで自己満足の趣味でしかなくなり、その存在意義がなくなります。

ミッションの遂行に必要な2つの能力

そのため、エンジニア・研究者には、各ミッションに対応して次の2つの能力が求められます。図1-1は、これを模式的に表しています。

- 研究開発を適切に推進する実務能力
- 技術的内容を分かりやすく伝えるコミュニケーション能力

まず、エンジニア・研究者に研究開発の実務能力が求められることに異論がある人はいないでしょう。専門分野に関する知識・スキルを駆使してモノを考える・作る・解明するなど、スペシャリストとしての実務能力は、その成果に直結するものとして第一に重要です。

一方で、研究開発の結果を分かりやすく伝えるコミュニケーション能力が求められることを理解しているエンジニア・研究者は、あまり多くないようです。つまり、その報告がどのようなアウトプットであっても、ミッション達成のためには正しい形式にのっとった分かりやすさが常に求められるところ、それに自覚的なスペシャリストは多くないのです。特に、アウトプットが文書である場合（実際のプロダクトを直接見せる以外なら、他人に伝える方法はたいてい文書です）、分かりやすく伝えるためには正しい形式が非常に重要です。しかし、その形式の意味・意義を根本から理解し、実践できている人は多くないと感じます。

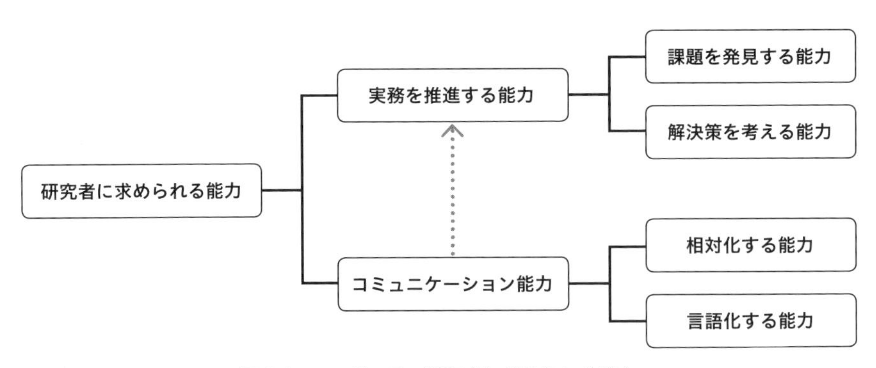

図1-1：エンジニア・研究者に求められる能力

軽視されがちなコミュニケーション能力

解決・報告という2つのミッションを達成するためには、実務能力・コミュニケーション能力がいずれも必要になります。そして、理系の人間は前者を重視し、後者を軽視する傾向があるようです。その原因は、コミュニケーション能力を伸ばす実益を明確に理解しておらず、ひたすら「苦行」と考えるからのように感じます。

例えば、実務能力とコミュニケーション能力は、互いに独立した能力と考えている人も多いと思いますが、それは誤解です。自分の周囲にいる優秀なエンジニア・研究者の顔を思い浮かべてみてください。その人たちは、研究開発で優れた成果を上げるだけでなく、それを分かりやすく他人に伝える能力にも優れていたはずです。あるいは、自分でもイマイチだと自覚しながら研究の進捗を発表したら、「さっぱり分からない」と周囲の理解・反応もイマイチだったことがあるのではないでしょうか。

もっと言えば、周囲から尊敬を集めるソフトウェアエンジニアは、誰が見てもコードが美しく、著名な研究者が書く論文は、流れるように内容を理解できます。経験的に分かるように、**実務能力とコミュニケーション能力という2つの能力は車の両輪のように関係・連動しており、コミュニケーション能力を伸ばせば実務能力も伸びる**のです。図1-1において、「コミュニケーション能力」から「実務を推進する能力」に矢印が伸びているのは、これを表しています。一方で、その逆は必ずしも成り立たないため、エンジニア・研究者は日ごろから意識的にコミュニケーション能力を伸ばす努力・工夫をしなければなりません。

多くのエンジニア・研究者は、実務能力に自信はあっても、コミュニケーション能力には自信がないようです。他人と関わるのが苦手だからその職を選んだ人も少なくないでしょうから、「ミッション達成のためにコミュニケーション能力を伸ばしましょう」と言われると、苦行を強いられる気持ちになるかもしれません……安心してください、ここでいうコミュニケーション能力は、友だちと軽口を叩いたり、飲み会で場を盛り上げたり、場の空気を読んで他人に喜ばれる対応をしたりする対人スキルのことではありません。本書では、**自分が取り組んでいる研究開発の技術的な内容を他人に正確に伝える相対化能力・言語化能力**を、コミュニケーション能力と定義します。

本書では、エンジニア・研究者が研究開発を進めるうえで重要となる「実務能力」が伸びるように「コミュニケーション能力」を鍛える方法を説明します。これを最も効率よく鍛える方法として、技術の内容を文書として表現するための「テクニカルライティングの作法」を習得する方法を解説します。そのためには、いくつかの重要ポイントを意識しながら試行錯誤を通してコツをつかむ必要がありますが、本書を読んでコツの所在を理解していれば、効果的にテクニカルライティングの作法を習得できます——正しい筋トレの方法を知っているのといないのとでは、その効果に違いが現れるのと同じです。

コミュニケーション能力の鍛え方を説明する前に、まずはエンジニア・研究者に求められる能力を解剖し、それらの詳細を明らかにすることによって2つの能力がどのように連動しているかをこの章で説明します。

1-2 実務能力
—— 成果を生み出すメインエンジン

エンジニア・研究者に期待される第一の能力「実務を推進する能力」は、次の2つの能力から構成されます。

- 課題を発見する能力
- 解決策を考える能力

課題を発見する能力
—— いま何に対して答えを出す必要があるか?

まず、「課題を発見する能力」は、**「いま何に対して答えを出す必要があるか」を正しく特定する能力**です。研究開発の現場では、「どのように解決すべきか」を考えるよりも、目標を達成するために「何を解決すべきか」「何に答えを出すべきか」を早い段階で深く検討する方が重要となる場合が少なくありません。特に、既存の常識を覆すイノベーションが実現された場合、解決策がイノベーティブだったことよりも、従来になかった切り口で課題を定義したことの方が、その要因として支配的であることが多いのです。

●適切な課題設定は理想実現への第一歩

例えば、アップルの名を一躍世界に知らしめた「Apple II」がそうでした。当時の電源装置は発熱が大きかったため、これを冷却するためにコンピュータ用の電源にも大型のファンが必要でした。スティーブ・

ジョブズは、コンピュータがファンを回す騒音が瞑想による精神集中を妨げると感じ、アップルが新しく作るコンピュータではファンの回転音を小さくすることに決めていました。そのため、通常であれば「ファンを静かに回すにはどうしたらよいか」という課題を設定するところでしょう。

しかし、ジョブズは「本当にコンピュータに電源冷却用のファンがいるのか？」という切り口から、「このファンをなくすにはどうしたらよいか」という課題を設定しました。そこで、アタリ（米国のゲーム会社）に勤めていたロッド・ホルトというエンジニアを引き抜き、発熱量が少なくファンレス可能な電源装置を新たに開発させ、史上最も静かで最も小型（ファン用のスペースが不要になったため）のパーソナル・コンピュータを実現したのです[注1]。これこそ、「何を解決すべきか」の本質を追究し、斬新な切り口で課題を定義したことによるイノベーションです。既存の枠組みを捉え直し、新たな切り口から課題を明確化すれば、斬新なアイデアを生み出せるのです。

「課題を発見する能力」とは、具体的に言い換えれば、解決に至る道筋が何も分からない段階から（ホルトもファンレスの電源装置など実現不可能と最初は主張しました）、最終的に「他人に報告したいこと」（最も静かで最も小型のパソコン）を目標として明確化し、その目標を達成するために「いま解決する価値のある課題」を定義する能力です。この能力は、エンジニア・研究者に限らず、すべてのビジネスパーソンにとって最も本質的で重要な能力であるため、「どのように課題を設

注1　ジェフリー・S・ヤング、ウィリアム・L・サイモン 著／井口耕二 訳『スティーブ・ジョブズ —— 偶像復活』、東洋経済新報社、2005年
クレイトン・クリステンセン、ジェフリー・ダイアー、ハル・グレガーセン 著／櫻井祐子 訳『イノベーションのDNA —— 破壊的イノベータの5つのスキル』翔泳社、2012年

定するか」に関する書籍は数多く出版されています注2。

ここで、「目標」とは各人が実現を目指す理想の1つであり、その理想と現実とのギャップを「問題」と呼びます。そして、その問題を克服する（ギャップを埋める）ために取り組む個々の対象を「課題」と定義します。つまり、**「少しでも理想に近づくために、いま具体的に何をすればよいか」を発見する能力（問題を課題に分解する能力）こそ、第一に問われる実務能力**なのです。図1-2はこのイメージを表しています。

理想までのギャップを測り、そのギャップを詰めるシナリオを描き、そのシナリオを逆から辿ることによって目の前の課題を適切に設定できさえすれば、問題の克服に向けた第一歩をすでに踏み出せていると言えます。

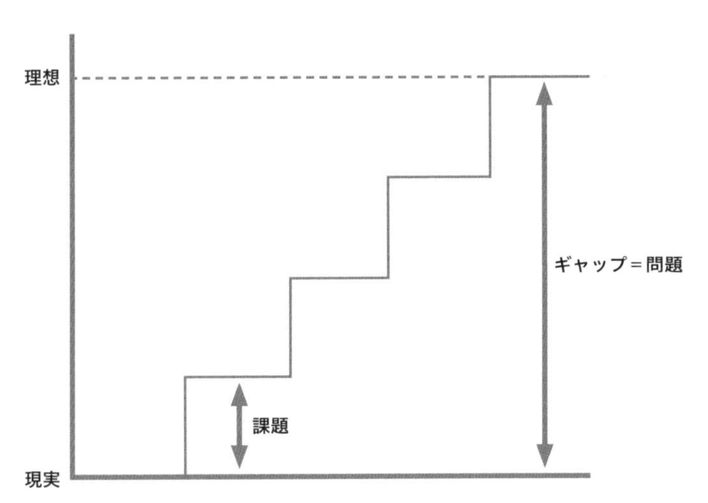

図1-2：問題を課題に分解する

注2　例えば、以下の著作が有名です。
安宅和人 著『イシューからはじめよ —— 知的生産の「シンプルな本質」』、英治出版、2010年
芝本秀徳 著『誰も教えてくれない 考えるスキル』日経BP社、2015年
清水久三子 著『プロの課題設定力』東洋経済新報社、2009年

●優れた課題の条件

さて、優れた課題には、次の3つの条件があります。

(1) 解決の基礎が存在する(課題を解決可能とする条件がすべて揃っている)

(2) 解決の結果が次の展開の基礎となる

(3) 優れた仮説を生む

まず、「(1) 解決の基礎が存在する」という条件が絶対に必要です。技術が累進的に進歩する性質を持つ以上、新たな技術には必ず先行する技術が存在します。課題化するためには、その技術がもたらした結果が、課題解決の基礎としてすべて揃っていることがまず重要です。ここで、「すべて」という点に注意してください。他の材料が揃っていても、味噌がなければ味噌汁を作れないのと同じように、新しい技術を完成させるためには、それを支える先行技術の結果がすべて出揃っていなければなりません。実際に、決定的な基礎が欠けていたため、その時点では成果として結実しなかった技術は多数あります。

例えば、チャールズ・バベッジは、近代計算機(コンピュータ)のアーキテクチャが完成する100年以上も前の19世紀前半に、任意の計算を機械で実行できる「階差機関」を設計しました。しかし、計算の基数に10進数を採用したことにより、当時の工作精度では実現困難なほど機械の構造が複雑化したため、努力の甲斐なく実現できませんでした。バベッジが現代のコンピュータのように2進数を採用できなかったのは、ブール代数とデジタル回路に関する技術とが、当時は未発達だったからです。このように、どれほど有望な結果を生みそうなアプローチであっても、基礎を欠いた状態では「絵に描いた餅」で終わってしまいます。

また、先行技術を正確に把握することも重要です。つまり、いま、何が、どこまで進んでいるか、自分が研究開発を進めるうえで足場となり得る基礎はどれほどあるか——現時点における技術水準を正確に理解しているということです。当然のように感じられるのですが、後述するように、基礎の把握が甘いためにこの最初の条件を満たさず、不適切な課題を定義して研究開発が迷走することが少なくありません。あくまでも「正しく理解された基礎」が「すべて明らかになっている」ことが、最初に満たすべき条件です。

次に、課題がギャップを埋めるためのステップであるという定義から、「(2) 解決の結果が次の展開の基礎となる」という条件が必要です。例えば、「味噌汁を作る」という問題に対して、「ネギを刻む」という課題は次の展開の基礎となりますが、「洗濯物を干す」という課題は明らかにそうなりません。理想と現実とのギャップを直線で捉えたとき、すべての課題はその直線上に乗る点であり、「問題を克服する」とはそれらの点を前から順番に消していくプロセス全体を指すのです。

もちろん、ギャップが直線のイメージと一致し、このプロセス全体が最短距離を走ることは、現実ではほとんどありません。個々が目指す理想は状況に応じて常に揺れ動いているため、多くの場合、課題を1つ解決するたびに軌道修正を迫られます。特に、ビジネス側に近い現場で課題解決に取り組む場合、この目標は目まぐるしく動き回りますので、常に最良の課題定義ができるとは限りません。いろいろな制約条件から、遠回りとなる課題定義にならざるを得ない場合もあります。

また、次の展開の基礎になると信じて解決に動いたものの、期待した結果が得られない場合も多いでしょう。そのため、ギャップを埋める取り組みの軌道は、常に蛇行します(図1-3)。

それでも、理想に向かう角度が正である限り、1ミリでも前に進んでいることは間違いありません（図1-3の縮小幅）。その角度を適切に設定することが、第二の条件です。

最後に、「(3) 優れた仮説を生む」という条件が必要です。課題を解決するためには、それを生じさせる原因・理由を詳細に検討することから始める必要があります。しかし、課題が凡庸なままでは、それに対応して検討される仮説とその仮説に応じた解決案も本質から外れたものになります――「間違ってはいないが、ど真ん中をミートしていない」という違和感が残る場合もありますが（凡庸さが見過ごされないという意味で幸運なケースです）、「それはそうだよね」という乾いた感想で気にとめられない場合がほとんどです。

エンジニア・研究者は、特定の分野における専門的な事実・アプローチを所与としてロジカルに思考を詰めるプロフェッショナルです。しかし、「前提を疑う」「見方を変える」「組み合わせる」など、切り口

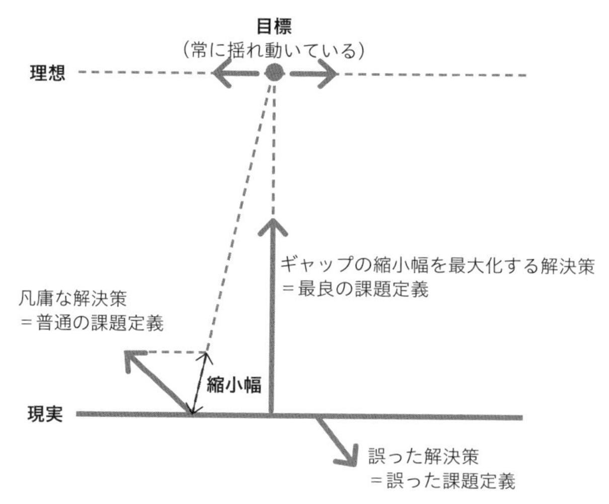

図1-3：取り組みの軌道は常に蛇行する

を変えて考えることによって所与の事項から脱しなければ、優れた仮説を生むほどの課題に到達できない場合があることを意識しておく方がよいでしょう。

以上のとおり、**(1) 解決の基礎がすべて存在し、(2) その結果が次の展開の基礎となり、(3) 優れた仮説を生む課題こそが、「いま解決する価値のある課題」**です。理想までのギャップとして存在する距離を最短で大きく稼げる解決策は、優れた課題を定義することによって生まれます。

理想と現実とのギャップを「問題」として捉え、そのギャップを埋めるためのシナリオを描き、そのシナリオに沿って問題を「課題」に分解する力が「課題を発見する能力」です。研究開発の現場において技術的な課題を明確化するためには、やはり言語化がカギになります。

●課題は言語化してはじめて理解できる

ところで、解決に至る道筋が何も分からない段階から、最終的に解決したい課題を目標として明確化するというトップダウンの考え方には、居心地の悪さを感じるかもしれません。しかし、「何を解決すればよいか」と、その裏返しとして「どのような結果が理想的か」を明確にしてから解決に臨まなければ、その取り組みは必ず迷走します。

ここで、「明確にする」とは「言語化する」ということです。つまり、プログラムコードを書いたり、実験を進めたりなど、課題の解決に向けたアクションを実行するより前に、課題を文章として表現する――つまり、テクニカルライティングを実践するということです。

例えば、研究開発の進捗を報告する打ち合わせで、ソフトウェアの品質を検証するエンジニアが、その不具合に対する対応を報告する場面を考えてみましょう。このとき、不具合が生じた原因、対応アクション、結果、今後の課題などの一連の流れを、責任者やメンバーが理解できるように分かりやすく説明することが求められます。ここで、その打ち合わせを想像して事前に議事録を書くとすれば、どのような文書になるでしょうか。一連の流れのうち、「不具合が生じた」という事実をどのような課題として捉え、その原因としてどのような仮説が立てられ、どのような結果が理想かという部分を言語化できるのであれば、責任者が納得でき、そのように解決できる可能性はぐっと高まるでしょう。

あるいは、研究者が研究の進捗を報告する場面を考えてみましょう。このとき、現状（前回の結果)、課題、対応アクション、結果、次に予定するアクションなどの一連の流れを説明する必要があります。同様に議事録はどのような文書になると予想されるでしょうか。適切に言語化できれば（つまり、研究が進捗するストーリーを端的に表現できれば)、その説明から有意義な議論に発展し、次の研究に対する示唆を得られるでしょう。

これは本書で繰り返し説明することですが、人間は言葉を使って物事を考えるため、**「文章として表現する」ことが最も思考を明晰にします**。つまり、課題を文章として表現することで、自分がその課題をどのように捉えているかが初めて理解できるのです。

言語化できない場合、その原因は課題の見極めと仮説の立て方が甘いことにあります。言語化が難しい部分こそ課題化が不完全な部分であり、有効な仮説を持たないまま、単なる「作業」を進めようとしている証拠です。この状態では、最悪「何もしない方がマシだった」ということになりかねませんので、注意が必要です。

解決策を考える能力
—— 設定した課題に対してどうアプローチするか?

次に、「課題を発見する能力」とのペアとして実務能力を構成するのは、「解決策を考える能力」です。これは、**「設定した課題に対してどうアプローチするか」**を正しく特定する能力です。どれほど適切に課題が設定できても、それを解決するアプローチが不適切であれば成果は出ません。

一方で、本書の読者は、エンジニア・研究者として専門性を備えた方が大半のはずなので、課題さえ適切であれば、見当外れの解決策を採って突っ走ることは少ないはずです。しかし、より良い解決策を採って課題解決に向かう精度を高めるためには、やはり言語化が欠かせません。

●小さなサイクルでの検証が正しい解決策を導く

課題の適否や解決策の良否を事前に知ることは、原則としてできません。学術研究のように限定的に閉じた世界で課題解決に取り組むならともかく、外に開かれた複雑な現実世界で課題解決に取り組むということは、不確実性と向き合うことと同じです。良し悪しを事前に知ることはできませんし、仮に知れたとしても、急激に変化し続ける世界でそれが意味を持ち続けることもありません。

例えば、「エンジニアが技術力を生かして新規事業を立ち上げる」という場合に、プロの投資家が唸るほど事業計画書を作り込んで入念に準備を進めたとしても、その目論見どおりに事業が進むことは少ないでしょう。

そのため、「小さく早く試す」ことが重要になります。つまり、「アジャイル」とか「リーンスタートアップ」とかの流行語が表すとおり、まずは粗い状態で完成させ、低い完成度のままアイデアを具体化します。すると、そこではじめて課題の適否をある程度検証できるため、「適切」と判断できるならもう少し完成度を上げて再検証し、「不適切」と判断したなら課題の再検討に戻ります。このように、一気に解決策を進めるのではなく、これをいくつかの段階に小分けし、それぞれで検証と解決策の確認を行います。

例えば、ソフトウェアエンジニアの場合、スケッチ、ワイヤーフレーム、プロトタイプの順にプロダクトの完成度を高めていくのが通常です。それぞれの段階においてニーズに対する仮説を立て、その仮説を検証することのみを目的とした実装を軽く進め、実際に使ってもらってユーザを観察し、それに基づいて当初の仮説を検証してアプローチを検討します。

つまり、ニーズに対する勝手な思い込みに基づいていきなり本格実装を始めるのではなく、仮説ベースで「とりあえず動くもの」を作って実際に使ってもらうことでデータを集め、仮定したニーズの妥当性を見極めたうえで次のアクションに移りましょうということです。

研究者であれば、ラフなアイデアを誰かにぶつけてみることが重要です。私はこれを「壁打ち」と呼んでいますが、アプローチに関するアイデアが粗い段階で、図・数式・フローチャートを手書きして（つまり、ざっくりと言語化して）持っていき、「この人ならおそらくこう回答するだろう」と予想してその人に吐き出してみるのです。予想したとおりの回答しか返ってこなかった場合、そのアプローチは筋が悪いおそれがあります。なぜなら、適切な人を選んで検証した結果が「想定の範囲内」に過ぎなかったということは、少なくともアイデア自体が凡庸であることは間違いなく、ひょっとしたら課題の設定から失敗している可能性すら疑うべきだからです。逆に、そのアイデアを叩き台にして議論が白熱して予想もしなかった方向に発展し、別の人にぶつけたらさらに発展し……というように、最初のアイデアを元にして芋づる式に情報量が増えていくアプローチは、筋が良い可能性があります。

つまり、「解決策を考える能力」とは、**「結果から得られる情報量（インパクト）が最大になるアプローチを嗅ぎ当てる能力」**と言い換えられます。仮説の検証に使った対象を観察し、そこに「自分が気づかなかった何か」を発見し、小刻みの軌道修正を繰り返して仮説を立て直す能力とも言えるでしょう。

アプローチを複数考案し、それらがラフな段階から簡単な方法で仮説を検証する際に、意外な発見に繋がるかもしれないアプローチを「壁打ち」すれば、早めに筋の悪いアプローチを候補から外し、早い段階でざっくりとした方向性を決められるのです。

●解決策は言語化することで整理される

このとき、手で殴り書きするくらいのラフさで構わないので、アプローチをきちんと「言語化」していれば、この方向決めをスムーズに進められます。書き出した情報をきっかけに新しいアイデアが浮かびやすくなりますし、一部でも言語化されれば論理の破綻や考慮のモレに気づきやすくなります。自問して答えられない部分や曖昧にしか説明できない部分を追い詰めるように言語化していけば、「ちょっと思いついた」程度の粗い思考に過ぎなかったアイデアが、「具体的な解決策」

として徐々に明確化されていきます。

人間の頭は、「考える」ことと「整理する」ことを並行して進められません。整理するためには考えた内容を一度記憶して再編集する必要がありますが、人間の限られた記憶領域ではその内容すべてを蓄えられないからです。そのため、**考えたことを言語化して明確にしなければ、せっかく考えたことはすべて空転し、曖昧な思考が次々と忘却の彼方に消えていきます**。つまり、解決策に関するアイデアを思いついたそばから、まずはそのキーワードを殴り書きするレベルで言語化を始めなければならないのです。

●言語化が「サイエンス」の本質

また、サイエンスの本質は、アートを言語化する取り組みにあります。つまり、まだ十分に言語化できていない「アート」を、言葉で論理的に説明して客観性を持たせ、そこから普遍的な法則を見出そうとする挑戦を「サイエンス」と呼びます。言語化するからこそ成果を明確に伝えることができ、他人にその成果を再現させることができます。そして、サイエンスにより言語化がなされた後、それを具現化するのがエンジニアリングです。言語が客観的であるからこそ、他人もそれを具現化できるのです。人類は「アートを言語化して具現化する」というサイエンスとエンジニアリングを延々と繰り返し、ここまで進歩してきました。

単なる「自己満足」として1人で研究開発を進めているなら、自分の頭の中だけで思考を完結させ、それを実行に移し、その結果を確認して修正するだけで十分ですから、簡単なメモを残すだけでよいでしょう。しかし、プロのエンジニア・研究者として「報告」のミッションを負っているなら、課題から導かれた仮説を検証するためにどのようなアプローチを採り、その結果として何を得たかを、最終的には適切に言語化しなければなりません。

逆に、前述したとおり、うまく言語化できないということは、論理的に詰め切れていない思考が残っている証拠です。アイデアがラフな段階ならともかく、ある程度まで具体化が進んだ段階で言語化できない場合、理詰めの構造が甘いと言えます。繰り返しますが、人間は自分が考えていることを頭の中だけでは整理できません。「言葉」として目に見える形で書き出し、初めて「なるほど、自分はこう考えていたのか」と理解できます。このように、人間は言葉を用いて記憶を外部化し、考えたことを整理・編集し、それを確認してさらに思考を深化させられたからこそ、科学技術を発展させられたのです。

そして、不確実な世界で「正解のない課題」の解決に向けて、**課題の設定と解決策の実行とを小さく繰り返しながら、それらの妥当性を言語化によって検証し、ベストなアプローチを少しずつ明確にする能力**こそ、エンジニア・研究者に求められる「解決策を考える能力」なのです。

さて、ここまででエンジニア・研究者に求められる第一の能力として「実務を推進する能力」に関する説明が終わりました。次に、第二の能力として「コミュニケーション能力」の説明を進めます。

1-3 コミュニケーション能力
—— 実務能力を伸ばす成長エンジン

エンジニア・研究者に期待される第二の能力「コミュニケーション能力」は、次の2つの能力から構成されます。

- 相対化する能力
- 言語化する能力

相対化する能力
—— 自身の取り組みはどのように位置付けられるか?

まず、「相対化する能力」は、先行する他のプロダクト・研究成果（先行技術）に対して、「自身が取り組んだこと」または「いまから取り組もうとしていること」の相対的な位置づけを正確に理解する能力です。ここで、次の模式図に示すように、「位置づけ」は「先行技術との差分の内容」と「その差分の大きさ」を意味します。通常、前者を「オリジナリティ」、後者を「インパクト」と呼びます（図1-4）。

位置づけは、そのアプローチによって達成された結果（あるいは、

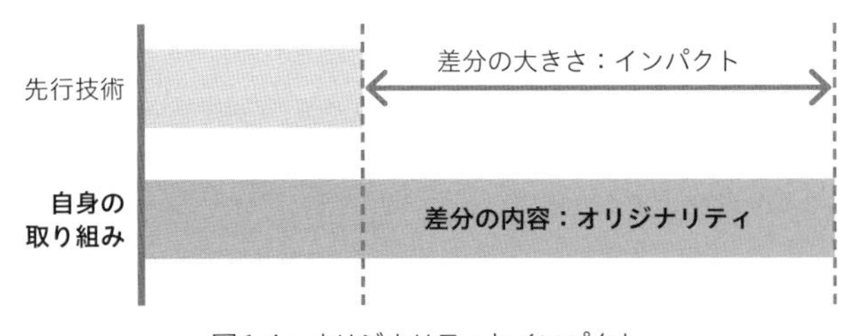

図1-4：オリジナリティとインパクト

達成されると予想される結果）が、「その技術分野においてどういう意味を持つか」とも言い換えられるでしょう。

●オリジナリティとインパクトを正しく評価する

「位置づけを明確化する」とは、「オリジナリティとインパクトを評価する」ことと同じです。理想と現実との間には大きなギャップが問題として存在し、これを課題に分解したうえで一番手前にある課題の解決に着手してその結果を得たなら、それはギャップを埋めることに少しでも貢献したはずです（そうでなければ、課題の設定自体がそもそも間違っていたことになります）。そうであれば、次の課題を正しく定義するためにも、その結果が埋めたギャップの縮小幅（オリジナリティがもたらしたインパクトの大きさ）を測る必要があります。

例えば、ディープラーニングの登場により、画像認識の精度が大きく向上したことは有名です。図1-5に示したグラフは、ILSVRC（世界的に有名な大規模画像認識コンペティション）における認識エラー率

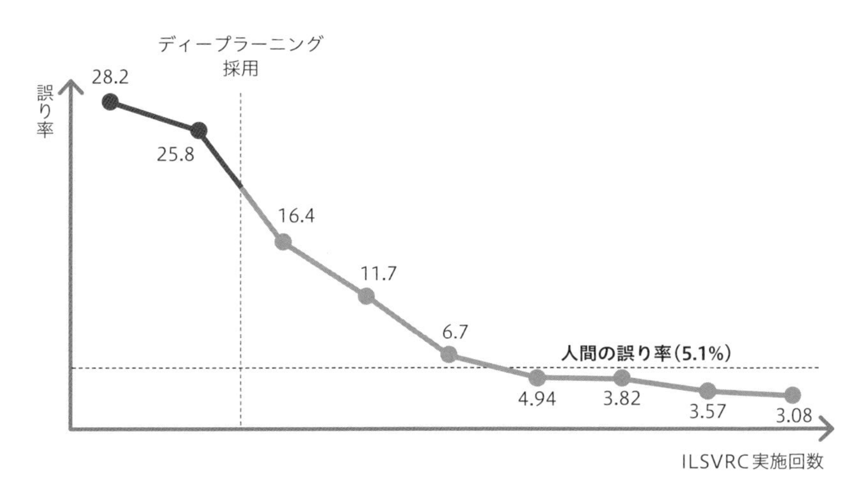

図1-5：ILSVRCにおける認識エラー率の推移

(画像を誤認識する割合）の推移を示しています。

認識エラー率は、ディープラーニングが画像認識に使われた2012年に、従来の25.8%から16.4%まで劇的に低下しました（図の点線の前後）。つまり、「画像認識にディープラーニングを適用する」というオリジナリティが「認識エラー率を10%下げる」というインパクトをもたらしたのです。その後も、単にディープラーニングを適用するだけではなく、「中間層の数を増やす」「ネットワーク構造を最適化する」などのオリジナリティにより認識エラー率は急速に低下し、ディープラーニングの登場からわずか3年で人間の認識エラー率を下回ったことが世界中の研究者を驚かせました。

これを踏まえると、従来のアプローチと自身のアプローチとの差分を言語化したものを「オリジナリティ」、そのオリジナリティで生み出した効果を「インパクト」と定義することもできるでしょう。エンジニアにとっては、自分が手がけたプロダクトに対するユーザの反応やその売り上げなどが、研究者にとっては、自分が執筆した論文の被引用回数などが、そのまま「インパクト」になる場合もあります。

●位置づけの明確化は先行技術の正確な理解から

位置づけは、あくまでも相対的なものですから、基礎となる先行技術を正確に理解していることが前提です。例えば、大枠の基礎として「従来は画像認識にサポートベクターマシンを使って25.8%のエラー率だった」という事実を事前に知っていることが重要です。言い換えれば、「現時点ではどのようにして何がどこまで達成されているか」を明確にしているからこそ、それを基礎として「自身の取り組みは、何をどのようにして、目標までの距離をどれほど縮めるか」を正確に測れるのです。

こう書くと当然のことのように感じられますが、私の経験でも、この基礎の詳細をあいまいにしたまま（あるいは、誤解したまま）研究開発を進めたと考えられる事例が多数あります。つまり、「優れた課題」の第一の条件としてあげた「解決の基礎が存在する」という条件を満たすかどうかが怪しい場合が、少なくないのです。図1-6は、この場合に縮小幅をうまく測れないことを模式的に示しています。

基礎の把握が甘いということは、優れた課題が満たすべき最初の条件を満足していないことを意味するため、課題の設定自体が緩いことが疑われます。言い換えれば、正しく課題を設定できるかどうかは、自身が取り組む研究開発の先行技術に対する相対的な位置関係を、どこまで正確に理解しているかに依存するのです。

「目的地に向かうためには、いま自分がどこに立っているかを最初に把握しなければならない」——当たり前のことですが、この重要性を強調したいと思います。つまり、「歩き進めることで自分が到達した場所・歩いた距離」を「元いた場所との相対的な関係で把握する」ことが、

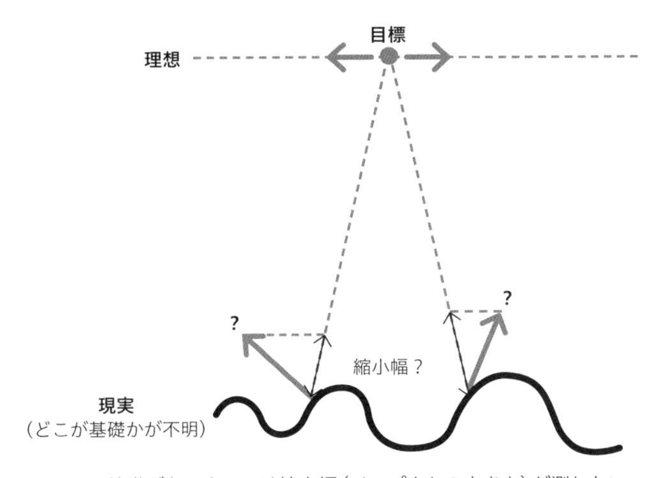

図1-6：基礎があいまいでは縮小幅（インパクトの大きさ）が測れない

オリジナリティとインパクトを評価するということです。そして、このオリジナリティとインパクトを「位置づけ」として明確にする能力が、「相対化する能力」です。

●位置づけ不十分によって生じる弊害

私が「基礎の詳細をあいまいにしたまま研究開発を進めたと考えられる事例が多数ある」と述べた理由は、次のような弊害が生じているケースが少なくないからです。

(1) 新規性を主張する根拠を示せない
(2) 自分の成果を見誤っている

(1) のケースとして、研究開発に関する自身の取り組みを「だけ」を説明すればよいと勘違いしている人がたまにいるのですが、これでは独りよがりな説明になってしまいます。自分のアプローチが新しいと主張できる根拠がなく、当たり前ですが「なぜ新しいと言えるのか」という問いに答えられません。

繰り返しますが、アプローチの良否や独創性は、先行技術に対する相対的な位置づけに依存します。そして、ノーベル賞クラスの独創的なアプローチであっても、先行技術が存在しないことはありません。関連する先行技術や類似のアプローチが、必ず存在するはずです。

そのため、先行技術・類似のアプローチとの対比によって、自身のアプローチのオリジナリティを明確化できます。そうすれば、「オリジナリティの何がどのように作用して、なぜそのインパクトを生むのか」を論理的に説明できます。逆に、うまくいかなかった事実も重要な知見となります。その場合は「先行技術に対して……のようなオリジナリティを試したが、期待したインパクトを生まなかった。この理由として……が考えられる」と説明できるはずです。

この勘違いのパターンに陥る人は、断片的な結果だけを見せて「うまくいく」ことを主張する傾向があります。当然ながら、うまくいっているか否かも先行技術との比較に依存しますので、他の手法による結果や同じ手法で試した以前の結果と比較しなければ意味がないのですが、自前の結果のみで自信満々に「うまくいく！」と主張する人がいます。先行技術の何に関係するか、何と類似するかを明らかにしたうえで、結果も相対的な関係が明らかでなければ評価のしようがないのですが……残念ながら、コミュニケーション能力が低く、これにより実務能力も低いとはこのことです。

(2) のケースとして、基礎を誤解している典型的なパターンがあげられます。例えば、先行技術を構成する要素がA、Bの2つであり、自身のアプローチの要素がA、B、Cの3つであった場合、オリジナリティは「Cを加えたこと」になるはずですが、先行技術と自身のアプローチとの差分を正しく抽出できなかったことにより、「BとCを加えたこと」をオリジナリティとして主張してしまうというケースです。このように抽象化すると、あまりに初歩的なつまずきで他人事のように感じられるのですが、誰しも陥りがちなパターンであり、IT分野の技術でその傾向が特に顕著です。

例えば、物の構造に関する技術では、「オリジナリティ」は従来の構造との違いとして目に見えますし、「インパクト」はその物の動作などにより客観化が簡単であるため、エンジニアは自然と位置づけに着目できます。一方で、IT分野の技術では、コンピュータによる情報処理の過程は可視化されず、最終的な結果のみが出力されるに過ぎません。

このため、表面的な処理をあいまいに説明しただけで終わったり、オリジナリティを正しく把握できなかったりする（位置づけを誤る）ことによって、ダメな技術資料が生み出されやすくます。特に、ユーザインターフェースの関連技術などでは、エンジニアが画面に表示されるビジュアルそのものを新規な技術と勘違いし、「そのビジュアルを表示すること」の説明に終始するばかりで、先行技術との本質的な差分を突き詰めて考えることを放棄してしまいやすいため、この傾向はいっそう顕著です（具体例を第2章で説明します）。

「先行技術との差分のみを慎重に抽出する」（オリジナリティを明確にする）ことは、正しい言語化に最低限必要な作業です。そして、抽出された差分によって発揮される効果だけを、その技術の「新しい価値」（インパクト）として主張できます。この一連の思考こそが「位置づけを明確にする」ことです。これができれば、内容を説明する文書において論理が自然と強固になり、課題解決に至るストーリーの流れが良くなります。

●言語化をとおして相対化する

先行技術を正確に理解するためには、他社のプロダクトを調査したり、他人の学術論文を読んだり、とにかく「基礎を把握する」ことに全力を傾ける必要があります。分野・業界によっては、これを「マーケティング」と呼んだり、「UXリサーチ」と呼んだり、「サーベイ」と呼んだりしますが、「自分の現在位置を確認する」という点で広く共通する活動です。

よく言われるように、イノベーションは「既存のアイデアの組み合わせ」です。画期的なアイデアを生み出したいなら、「巨人の肩」（先人が積み上げた偉大な成果）の上に正しく立って視界を広げる必要があり、そのためにまずはアイデアの材料となる情報を徹底的にインプットしなければなりません。そのうえで、多数の先行技術に対する自身の取り組みの位置づけを明確にするのです。例えば、先行技術AとBとのアプローチの差異を明らかにし、これらに対するCの差異を明らかにしたうえで、A～Cという前提のもと自分は何で差異を出そうとしているかを明確にする、といった具合です。

もちろん、頭のなかで差異をぼんやり考えるだけでは不十分です。自分の思考をきちんと言語化しましょう。つまり、**いま自分は何を課題として認識し、どのようなアプローチで、先行技術のどの部分をどのように改善しようとしており、その結果として何と何が峻別されてどのような利益がもたらされるのか**、これらを腹に落とす必要があります。当然ながら「峻別」とは相対化のことであり、「既存」に対する「新規」の位置づけを意味します。これらをブレることなく他人に伝えられるまで内容を客観化し、さらに「何度繰り返し伝えても伝え足りない」と感じられるレベルまで言語化できていれば文句なしです。

言語化する能力
―― どのように思考を整理し他人が理解できるようにするか？

最後に、「言語化する能力」とは、**自分の思考を整理し、それを他人が正確に理解できる形式に落とし込む能力**です。ここで「形式」と書いたのは、必ずしも「文書」に限定されないからです。例えば、フローチャート、ロジックツリー、イラスト、数式など、最終的には思考の本質を形式知にできるものでありさえすれば何でも構いません。しかし、人間が言葉を使って思考を構築する以上、まずは紙に書き起こしてみる（ライティングする）ことが重要です。

●言語化によって思考を整理できる理由

なぜ「文章として表現する」ことが、思考を構築する最良の手段となるのでしょうか。それは、**言語が時間軸に沿って展開される一次元の情報源であり、動画、画像、音楽と比較すると情報量が圧倒的に少ないから**です。画像であれば「一目で分かる」レベルの違いを文章で伝えるために、どれほど言葉を尽くす必要があるかを想像すれば、その差が直感的に分かるでしょう。

この特性により、「文章」という容量の小さい入れ物に、他人にも正しく理解できるように思考を詰め込もうとすれば、それを整理し、他との関係性を考慮して構造化するほかありません。このように、整理・構造化の過程を強制されることで、思考の本質が徐々に先鋭化し、「真に重要なこと」だけが客観的に浮き彫りになるのです。

「デザイン」という切り口から伝わりやすい資料作成の方法論を解説した『伝わるデザインの基本』注3には、このように書かれています。

> 情報をデザインするためには、何が大切な情報で何が余計な情報かを正確に把握しなければいけませんし、事柄同士の関係を正確に理解していなければいけません。情報を的確に取捨選択する必要も出てきます。要するに、資料の見た目に気をつけることは、自らが伝えたい内容に向き合い、整理していくという点で、非常に本質的な活動なのです。受け手を思いやり、情報のデザインを真剣に考えることは、単なる表面的な工夫ではなく、本質的な成長に繋がるのです。

注3　高橋佑磨、片山なつ 著『伝わるデザインの基本 増補改訂版 —— よい資料を作るためのレイアウトのルール』、技術評論社、2016年

深い理解と実践に裏打ちされた、まさに膝を打つ表現だと思います。情報をデザインする一連の活動が「本質的な成長に繋がる」とまで断言する点に、この表現の素晴らしさがあります。そして、デザインという見た目の工夫すら制限し、文章のみで伝えなければならないとすれば、これらの活動をさらに追求する必要があるのは明らかです。

まずは相対的な位置関係を理解したうえで、何かを捨てて何かを選び、本質的な構造をはめ込む――これが、複雑な事象をシンプルにして「文章」という制約の大きい形式に落とし込むための唯一の方法であり、これを正確に行う能力こそ「言語化する能力」です。

●文章の上手さと言語化の巧拙は別物

世の中には「文章術」を指南する書籍がたくさん出版されています。例えば、「主語と述語はなるべく近づけましょう」「話し言葉を文章に紛れ込ませないように」「文脈を意識して接続詞を使いましょう」「400文字の文章はワンメッセージに絞りましょう」など、そういう文章の流れや体裁を整えて読みやすくするテクニックを解説した書籍はゴマンと出版されています。もちろん、文章が下手であるよりも上手であるにこしたことはありません。他人に何かを伝えるときに、流れるように読める洗練された文章が有利に働く場面もあるでしょう。

しかし、「文章の上手・下手」と「言語化の巧拙」とは本質的に別物です。日本語としてヘンテコな文章であっても、汚い字で殴り書きしたメモであっても、適切に言語化されていれば伝わりますし、文章として美しくても、それがされていなければ伝わりません。

エンジニア・研究者は物書きではありませんが、メール、報告書、企画書、各種資料など、文章力が求められるシーンは多いでしょう。そのため、この手の「文章術」に関する本を読みあさる人もいます（残念ながら、私がそうでした）。しかし、このような発想自体が、課題の設定が甘く、原因に対する仮説が誤っていることを示しており、課題解決に向けたアプローチとしても筋が悪いとしか言いようがありません。

つまり、「文章の上手・下手」と「言語化の巧拙」とを混同し、「うまく伝わらない」という課題に対して「文章が下手だから」という仮説を設定し、この課題解決に向けたアプローチとして「文章術のスキルを身につける」を採用するのは、間違っているということです。しかも、当の本人は「解決できた気分になっている」（だって文章はうまくなったから）ので余計に始末が悪いと思います。

こうした結果を招くのは、「文章力」の実体が不明確で「できた／できなかった」の検証がうまくいかないからであり、元をたどれば課題の設定が甘いことが原因です。例えば、誰に、どのような場面で、何を伝えようとしたときに、どのようにうまく伝わらなかったのか、そのときどのようなフィードバックを受けたのかなどを具体的に追求しながら言語化することによって、「いま解決する価値のある課題」を明確にしていれば、その課題が生じる原因として「真に伝えたい内容が浮き彫りになるまで思考を詰め切れておらず、他との関係を相対化する形で本質を構造化できていないから」というまっとうな仮説を立てられたかもしれません（自力でここまでジャンプアップすることは難しいと思いますが……ひとつの例です）。そうすれば、まともなアプローチ（本書では第2章で解説します）を採ることができ、仮説の良し悪しを具体的に検証できるでしょう。

さて、エンジニア・研究者に必要な能力として、ここまで次の4つを説明してきました。

- 研究開発を適切に推進する実務能力
    - ・課題を発見する能力
    - ・解決策を考える能力
- 技術的内容を分かりやすく伝えるコミュニケーション能力
    - ・相対化する能力
    - ・言語化する能力

そして、エンジニア・研究者にとっては、それ特有のコミュニケーション能力が実務能力と同じくらい重要であり、それは研究開発に求められる思考を明晰にするとともに、最終的には「活動の結果を報告する」というミッションを遂行するために必要となることを強調してきました。

次節では、これに無自覚のまま研究開発に携わるとどのような不利益があるかについて、脅し半分で解説します。

1-4 コミュニケーション能力不足が招く悲劇

エンジニア・研究者にとって「コミュニケーション能力がない」とは、端的には**「情報をデザインする能力がない」**ということであり、より具体的には**「相対化できていないことに気づかない」「言語化できたつもりになっている」**ということです。そして、実務能力とコミュニケーション能力とは車の両輪のように連動しているので、後者が脱輪すると前者も回らなくなります。こうなると「研究開発しているつもり」の状態に真っ逆さま、新しいプロダクトも出せませんし、研究成果も生まれません。これは個人に限った話ではなく、組織全体としてコミュニケーション能力が低い場合も同様です。

相対化・言語化する能力が足りないことの真の恐ろしさは、「それを自覚できない」ところにあります（ある部分で能力の低い人は、それを理解する能力も低いので当然ですが）。もちろん、研究開発で成果が出ない原因を自力で特定することも困難です。

そこで、コミュニケーション能力が低い場合に生じる典型的な状態を列挙しました。下記のいずれかの状態に心当たりがある場合、成果が出ない原因はコミュニケーション能力の不足にあるかもしれません。

- 課題を適切に設定できない
- 課題にフォーカスできない
- 解決方法を思いつかない
- 内容を理解してもらえない

課題を適切に設定できない
―― いま何に答えを出せばよいかが分からない

最も原始的な状態は、「そもそもどこに課題があるかを適切に見いだせない」という状態です。最終的に問題を克服するために、次の一歩をどのように踏み出せばよいかが分からない状態と言い換えることもできます。この状態に陥る原因は2つあります。

- 先行技術を詳しく知らない
- 相対化する能力が不足している

●先行技術を詳しく知らない

前節で説明したとおり、先行技術を基礎として明確にできているからこそ、いまから取り組もうとしていることを位置づけて、適切に課題を設定できるようになります。そのため、当然「基礎はどこにあるか」をまずは確認する必要があります。

エンジニア（あるいは新規事業の担当者）の場合、いわゆるプロダクトマーケティングの一環として競合製品・サービスを調査し、何の機能がどこまで実現されているかを明らかにします。場合によっては専門のアナリストに調査を委託し、大規模なマーケットリサーチを進めることもあるでしょう。

研究者の場合はもっと簡単です。同じ分野で研究している他の研究者が発表した論文・特許文献を読めばいいのです。最近では、論文が論文誌に掲載される前に著者本人がインターネットでそれを公開しますし、他社が特許として出願した研究成果は特許庁がすべて公開しますから、あらゆる研究成果はクリックひとつで手に入ります（わざわざ図書館から論文を取り寄せていた一昔前とは大違いです）。

いずれの場合であっても、現状を正確に理解できていない状態では課題を設定しようがありませんので、まずは地道な調査で足場を固めることが重要です。

●相対化する能力が不足している

課題を発見する能力は実務能力の一部として前節では説明しましたが、「何を課題と捉えるか」は「どのように（相対的な）差異をつけようとするか」と表裏一体ですので、コミュニケーション能力の一部である「相対化する能力」の不足が課題を適切に設定できない原因となる場合があります。

課題の設定には、現状を詳細に把握し、そこを現在地として今後の取り組みを位置づける（方向性を決める）というステップが必須です。そして、現状把握も位置づけも、言語化することなく明確にすることはできません。そのため、コミュニケーション能力がなければ「いま何に答えを出せばよいか」ということすら見出せないのです。実務経験の浅い駆け出しの若手ほど、この最も基本的なところでつまずく傾向があります。

繰り返しますが、現状を正確に把握し、取り組みを位置づけ、それらを言語化するという一連の流れは、エンジニア・研究者だけでなく、すべてのビジネスパーソンの基本動作です。そして、この基本動作を身体に叩き込むには「実際に書いてみる」ことが、最も効果的です。これを愚直に繰り返すことにより、「自分の頭と言葉で考える」「解決に向けて取り組むべき課題を浮き彫りにする」という基礎を鍛えられます。

課題にフォーカスできない
―― 何をしようとしていたのか途中で迷ってしまう

次の典型的な状態は、「真に取り組むべき課題を見失って迷走する」という状態です。本人は真剣に「課題に取り組んでいる」つもりが、ゴールに対してまったく前進していないことに無自覚な状態とも言えます。しかも、そうして迷走したあげく、結局課題をやり遂げられない場合もあります。

この状態に陥る原因は、課題を適切に言語化できていない、もっと言えば、言語化できる程度まで課題を見極め、しっかりと仮説を立てられていないことにあります。そのため、目的意識がブレて迷走してしまうのです。

例えば、川底に沈む砂金をできるだけ多く集めようとするとき、必死で砂を集めてより分ける作業に没頭すれば、「いま自分は努力している」という充実感を得ることはできるでしょう。しかし、それは思考停止した「作業」に過ぎませんので、得られる砂金の量は運任せです。本人の努力が単なる作業にしかならず、具体的な成果に繋がりにくいのは、解を探索する範囲が広すぎるからです。この例で言えば、ふるいにかける砂の存在する範囲が「すべての川底」という途方もない面積に広がっているからです。

探索範囲が広すぎると、「できるだけ多くの砂金を集める」というゴールに対して取り得るアプローチが多すぎるため、何から手をつけてよいかが分からなくなります。特に方針もなくあっちこっちの川底から砂を集めてはふるいにかけてみたり、同じように砂金を集めている人々と雑談してみたり、たまたま見つけた形の良い石を気に入って似たような石を探し始めたり……あげくの果てに「ここに砂金はないかもしれない」と不安になり、探すこと自体を途中で投げ出したりしてしまいます。

成果を出す確率を最大化するためには、ゴールに最短で到達できる課題を個々に見極めることにより、解の探索範囲を狭める必要があります。例えば、川の流れの緩急から砂金が溜まりやすい場所を推測したり、多くの砂金を実際に集めている人と仲良くなってノウハウを教えてもらったりすることが考えられます。

前者の場合、「場所を推測したい」という課題に対して「流れが緩やかな方が得られる砂金が平均して多いのではないか」という仮説を立て、それを検証すればよいのです。後者の場合、「ノウハウを教えてもらいたい」という課題に対して「仲良くなれば教えてもらえるだろう」という仮説を立て、そのアプローチをいくつか検証すればよいでしょう。

いずれの場合も、仮説が正しい場合は「とにかく流れの緩やかな川底のみをさらう」や「藻がたくさん繁っている川底は無視してよいことを教えてもらえた」などの情報が得られ、探索範囲が狭まって本来不要な作業を減らせます。また、限定的な範囲のみを徹底して深掘りすればよいため、目線がゴールからブレません。先に述べたように、「壁打ち」することで筋の悪いアプローチを候補から外し、早い段階でざっくりとした方向性を決めてしまうことと同じであり、その実益は非常に大きいのです。

この「課題にフォーカスできない」という状態を回避するためには、ゴールに向かう道筋に横たわった課題の輪郭がはっきり見えるまで、言語化を徹底するしかありません。「とりあえず川底の砂をたくさん集める」のような甘い課題ではなく、「より多くの砂金が集まっている川底の性質を特定する」のように具体的・現実的な課題として言語化します。課題の輪郭が明確になるほど優れた仮説を立てることが可能になり、アプローチの自由度が下がってそれに集中できます。

繰り返しますが、「自分はいまどこに集中すべきか」という仮説思考を見える化する方法は、「それの言語化を試みる」以外にありません。

解決方法を思いつかない
―― どうすればよいかが分からない

3つ目の典型的な問題は、「解決に至る道筋を見いだせない」という状態です。本人は、ウンウン唸りながら知恵を絞っているので「クリエイティブな活動をしている」つもりなのですが、逆さに振っても出ないものは何も出ません。

この状態に陥る原因は、2つあります。

- 専門知識が足りない
- 課題の設定が甘い

●専門知識が足りない

これは、客観的には原因としてあまりに当然なのですが、本人が自覚できていない場合があります。この場合は、単に「本当に知識がない」場合もありますが、「先行技術の位置づけを理解できていない」場合もあり、後者の場合であれば、その技術分野に関する知識が体系化できていない（各先行技術を十分に相対化できていない）という広い意味で、コミュニケーション能力の不足に起因するものと言えます。

●課題の設定が甘い

これは、課題の切り口が大雑把ということです。先の「課題にフォーカスできない」ことの原因としてあげたものと同じです。例えば、「地球の温暖化を止める」という課題は、課題として大きすぎてどこから手を付けてよいかが具体的に分かりません。結局、先と同じようにそもそも何を解くべきかを考える「課題化」の時点でつまずいているため、課題設定を浮き彫りにする「言語化」をしっかりやりましょうということになります。

なお、「課題の言語化なんて面倒だから、とりあえず思いついたことをやってみよう」という考え方は、やってみた結果を適切に「気づき」に繋げられるなら良い方法です。アプローチの実践を通して抽象的な課題をうまく絞り込めれば、それがより精度の高いアプローチを出す手前の作業になるからです。

例えば、先の砂金集めの例でいえば、まずは適当に川底をさらい続け、途中で「流が緩やかな川底の方が多い気がする」という気づきを得られれば、そこを集中的にさらうという次のアプローチに繋がります。そのため、注意深く観察を続ける根気があるなら、悪い方法ではありません。

内容を理解してもらえない
── 誰にも相談できない

最後の典型的な状態は、誰にも内容を正確に理解してもらえないため、相談できる相手がいないという状態です。コミュニケーション能力を「自分の考えを他人に理解させる能力」と一般的に解釈すれば、この状態に陥る原因は明らかにそれが不足していることにあります。

一方で、エンジニア・研究者が研究開発をうまく推進する能力の一部として、本書では「相対化・言語化する能力」とコミュニケーション能力を限定的に解釈していますので、この解釈に沿って原因を考えます。

そもそも、同じ分野の専門家同士がコミュニケーションを取ったとき、相手の主張に「同意できない」(私の意見はあなたのそれとは異なる)ことは多々あるでしょうが、「理解できない」ということがそう頻繁に起こるとは思えません。それにもかかわらず、他人に理解してもらえない（あるいは、理解してもらうために相手に多大な負担をかけてしまう）とすれば、どこかに大きな原因があります。最もあり得る可能性としては、次の2つが考えられます。

- 自分が取り組んだ内容の本質を自分で理解できていない
- 課題の提起から結果を得るまでに至る全体のストーリーが見えにくい

●取り組んだ内容の本質を理解できていない

これは、本人とっては意外な原因に感じられるかもしれません。最も詳細に内容を理解しているのは、当のエンジニア・研究者以外にいないはずだからです。ところが、多くのエンジニア・研究者に接してきた私の経験によれば、本人にヒアリングを行うことによって内容の理解を深めていくと、その本質が本人から説明を受けたものと異なることは珍しくないのです。要するに、「自分で伝えようとしていたことが、そもそも誤っていた」ということですので、すんなり伝わるはずがないのです。

この状態に陥る原因は、やはり「相対化する能力」が足りず、オリジナリティの所在が明確になっていないことです。つまり、基礎（先行技術）の把握が怪しく、「本当に自分がしたこと」（位置づけ）を正確に理解できていないことが原因です。

●全体のストーリーが見えにくい

全体像や前後の関係性が不明瞭であることが、理解してもらえないことの原因となる場合があります。例えば、Aを課題として設定し、BというアプローチをAを採用して、Cという結果を得たことを最終的に理解してもらいたい場合、ABCの内容以外にも説明しなければならないことはたくさんあります。

「先行研究や前回までの報告と今回Aを課題とした話とは、どのように関係しているか」「なぜBというアプローチでなければならなかったのか」「今回の結果Cは、前回の結果C'と比較して何がどう異なるか」などです。このABCの周辺で生まれる相手の疑問が自動的に解消されるように全体のストーリーを設計すれば、より理解してもらいやすくなります。

この問題を抱えるエンジニア・研究者は、例えば、研究開発の進捗や問題点をチームで共有する打ち合わせに向けて資料を作る場合に、いきなりPowerPointを立ち上げて前から順番にスライドを作り始める傾向があります。

本来であれば、相手に理解してもらいたい結論を明確にし、その結論を支える根拠・ストーリーを相手の立場から明確にしたうえで、資料作成に着手します。ところが、この問題を抱える人は、自分が取り組んだ内容や自分の考えを、相手の前提知識を考慮することなく、未編集のまま順番に提示してしまいます。つまり、実際に取り組んだ当の本人である「自分」にとっては当然のことであっても、その内容に接する「相手」にとっては必ずしもそうでないことを理解できていません（あるいは、理解していてもどうしていいか分かっていません）。そのため、技術的な内容を説明する技術資料が、まるで旅物語のような「エッセイ風資料」になってしまうのです。まさに「書けることを書いている」という状態です。

本書では第2章以降で詳しく説明しますが、相手に結論を理解させるためには、その理解を阻害する疑問をすべて解消する必要があります。例えば、相手が持っている予備知識が少ないほど、「いまから何を伝えようとしているか」という疑問を最初に解消する重要性が増します。それが明らかにならなければ、相手は目的地が不明なまま歩かされる不安を感じるだけでなく、その過程で「正しく疑問を持つ」ことが難しくなるからです。

次に、「なぜこの話をいまから始めなければならないのか」という疑問を解消します（議題の背景）。当然のように本題から話し始める人が少なくないのですが、「自分」と「相手」との間には、ストーリーが始まるスタートライン（前提知識）がそもそも異なることを意識する必要があります。

その後でようやく本題に入るのですが、ここでも常に「なぜ」という相手の疑問を想像し、先回りしてそれを解消しなければなりません。課題解決に取り組んだ当事者である自分には、結論に至る軌跡が一本道のように見えているかもしれませんが、そうでない相手には、途中で他の選択肢もあり得たように見えるため、「なぜそうしたのか」という必然性に対する疑問が常に生じるからです。

そのため、「いきなりPowerPointを起動して資料を作り始める」という反射的な行動は、「相手の理解を阻害するであろう疑問を先回りして解消しておく」という発想に乏しい証拠と言えます。資料作成に着手する前に、言語化をとおして思考を整理・構造化し、「真に重要なこと」「本当に伝えたいこと」だけが浮き彫りになるように情報をデザインすれば、自然と相手の「なぜ」に答える伝え方ができます（第4章で詳しく説明します）。

1-5 成果を生み出すためのコミュニケーション能力

コミュニケーション能力の本質
―― 言語化こそが「サイエンス」の過程になる

これまで説明してきたことを再度まとめると、エンジニア・研究者に求められる「コミュニケーション能力」とは、先行技術との相対的な関係に基づいて課題を設定し、仮説を立て、解決策を検討する――こうした**一連の思考を整理し、言語によって見える化し、自身の取り組みによって「達成されたこと」と「課題として残されたこと」とを浮き彫りにする能力**です。

つまり、いま何が課題として残されており、そのために自分は何をどこまで達成しようとしており、それに向けてどのようなアプローチで臨もうとしているのか、そのアプローチはどのようにユニークで、なぜそのようにユニークと言えるのか――これらを自分の言葉を使って客観化するために、「コミュニケーション能力」が必要となるのです。

重要なことは、**「言語化する」ことによって得た文章自体ではなく、自分の思考を他人に伝える最短経路を、文章を書きながら模索する「サイエンス」としての過程**です。いくら模索しても経路が存在しないなら、それは他人に伝えられる程度まで自分の思考を詰め切れていないことを意味します。このとき、「どこで経路が切れているか」も明確になるため、次に考えるべき本質も明確になります。

この「自分の思考を文章で他人に伝える能力」(文書化能力) は、一般に「文章力」と一括りにされますが、実は「物事の本質を捉える能力」(思考能力)と同じです。

思考・体験・感覚などの抽象的な主観は、適切に言語化することによって再現性を持たせなければ、「なんとなくこんな感じ」という漠然とした意識と同化し、未消化のまま「なかったこと」になります。エンジニアが優れたプロダクトに触れることによって得たユーザエクスペリエンスも、研究者が見事な論文を読むことによって得た洞察も、自分の言葉で置き換え、その意識を咀嚼して独自の思考として受け入れなければ、せっかく得たものも忘却の彼方に消え去ってしまうのです。

正しい言語化は正しいPDCAを導く
—— コミュニケーション能力が組織を変える

エンジニア・研究者が、自身の取り組みの位置づけを正しく言語化することの実益は、最終的にはPDCA(計画・実行・確認・改善)を回せるようになる点にあります。PDCAにおいて最も重要なことは、期待した結果と実際に得た結果との誤差を測り、この読み違えが次回発生しないように手順を改善することにあります。これは、頭でぼんやり考えているだけでは決してできません。**PDCAに必須となる「因果関係の把握」は、言語を通して見える化しなければ不可能**だからです。

言い換えれば、「優れた技術を開発したから、優れた文書を書けた」わけではなく、あくまでも**「優れた文書を書ける程度まで自身の取り組みを明確にして研究開発に取り組み、正確な改善を積み上げてきたから、優れた技術を開発できた」**ということです。コミュニケーション能力により、「いまの方向性で開発の最終目的は達成されるか」を研究開発の過程で随時チェックでき、長期的な視点に立って軌道修正を図るきっかけを得られるためです。

ここで、科学技術・研究開発の分野では、産業界・学問分野の全体でPDCAを回している点に注意する必要があります。つまり、誰かがすでに取り組んだ結果が何らかの形で（例えば、プロダクト、プレゼンテーション、論文、特許など）世の中に公開されており、それを前提として自分も「業界全体の大きなPDCA回しに参加する」ことになります。

だからこそ、自分の取り組み（いま自身でPDCAを回そうとしていること）の位置づけを明確にしなければうまく参加できませんし、「取り組みの結果を世界に報告する」というミッション（どのように大きなPDCAを回すことに寄与したか）が重要になります。

PDCAを的確に回せれば、その分野の課題をしっかりと見渡すことができ、「いまどうなっているか」「次はどうすればよいか」を見通せる能力・知見、つまり、エンジニア・研究者としての実務能力も向上します。結局、言語によって筋の通った説明ができるため、自身の取り組みを論理的に改善していけますし、他人に伝えることもできるようになるのです。

そして、論理的に言語化され、因果が説明できるようになれば、事象に再現性を持たせられます。企業における日々の活動も、従来の方法より効果的な方法に進化させるためには、現場における言語化が必須です。そのため、「強い組織を作りたい」「成果の上がる研究開発チームに生まれ変わりたい」と考える責任者は、言語化をとおして因果を共有することによってPDCAをメンバーに回させ、組織に「学習する文化」を根付かせる必要があります。

逆に言えば、この文化が根付いていない組織は、「組織全体としてコミュニケーション能力が低い」ということですので、「研究開発しているつもり」の状態に陥ったまま、新しいプロダクトも出せませんし、研究成果も生まれないでしょう。

ここまでをまとめると、次のとおりです。

- 未知の課題に取り組むときには、現状（位置づけ）を確認して仮説を立て、因果を解いていく必要があり、その意味を抽出するためには、適切に「言語化」していく能力が求められる
- 「相対化・言語化する」というコミュニケーション能力は、エンジニア・研究者が物事を考えるための土台となる能力であり、これが個人の実務能力の向上に直結する
- 「位置づけに基づく言語化」を個々で徹底すれば、組織としてPDCAを回すことができ、研究開発が全体としてうまく運ぶ

さて、正しい言語化で研究開発がうまくいく理由を、延々と説明してきました。次から、研究開発をうまく進めるためのテクニカルライティングの作法について、具体的に説明していきます。

第2章

テクニカルライティングの黄金フォーマット

誰もが実践できるフレームワークを用いた思考整理法

2-1 研究開発にありがちなコミュニケーションの不調

どこの企業にも、定期的にチームのメンバーを集めて打ち合わせする場があることでしょう。このとき、メンバーが「自分がやったこと」から話し始め、それをリーダーや責任者が「そもそもなぜこの話をしているのか」まで話を巻き戻して内容を整理し始めることがあるのではないでしょうか。そして、そのメンバーは自分の説明が伝わらないことを自覚するものの、それがなぜか分からず、次回も同じパターンを繰り返すことがほとんどです。

あるいは、他部署・社外の人が集まる場で研究開発の成果を聞く機会もあるでしょう。このとき、本人は誰にでも理解できるように発表を工夫した様子がうかがえるにもかかわらず、そのポイントがいまひとつ理解できず、発表が終わっても誰からも質問が出ないまま、微妙な雰囲気が流れる現場を見たことはないでしょうか。

この原因は、そのメンバーが「相手に伝わるように内容を編集する」ためのスキル、すなわち相対化・言語化の能力が足りないからです。これに気づかない本人は、「相手に理解力がないせいだ」と責任転嫁して憮然とするか、「なぜ伝わらないのだろう」と自己嫌悪に陥るかのどちらかになりがちです――いずれにしても具体的な改善策が必要でしょう。

本書が提案する改善策は、**「フォーマットにのっとって文章化する」**です。まず「黄金フォーマット」を詳細に説明したうえで、このフォーマットで文章化した内容を目的に応じて再構成する方法を説明します。

2-2 「黄金フォーマット」にのっとって文章化する

なぜフォーマットにのっとる必要があるのか?

小学生のころ、夏休み前に課題図書を指定され、休み中にそれを読んで読書感想文を書く宿題を出された人は多いのではないでしょうか。原稿用紙の枚数にノルマが課され、「マス目に文字を埋める」ことに腐心するばかりの苦行を経験し、文章を書くこと自体が嫌いになってしまった人もいるかもしれません。主観を文章として客観化することは大人でも難しい作業ですので、「本を読んで感じたことを自由に書きなさい」という課題を、体系的な訓練を積ませることなく子供に課すのは相当酷なことだったのではないかと、いま振り返れば感じます。

では、なぜそれほど難しいのでしょうか。それは、**「文章を書く」という作業の自由度が高すぎるから**です。つまり、モヤモヤとした思考は抽象的すぎて、それに対応した「文章」という具体的なモノのバリエーションが無限に存在するためです。大人も子供も文章を書くために真っ白な原稿用紙(大人の場合はWordの画面かもしれませんが……)を目の前にして、手掛かりのないツルツルの岸壁を見上げたときのような気分になるのは、それが原因です。

そして、この状態で無理に文章をひねり出すと、必ず「技術資料っぽいエッセイ」が完成します。理工系の大学院を出て専門知識を備え、研究開発でもそれなりの結果を出せる優秀な若手でも、技術資料を書かせるとそれがエッセイになっている場合は少なくありません。本人から詳細を直接聞いて内容を整理すれば理解できるので、コミュニケーション能力がゼロというわけではないのですが――残念ながら、思考を自由に記載するという「読書感想文の罠」に捕らわれたままでは、この若手の実務能力はすぐに伸び悩むでしょう。

これを解決するには、文章を書くことの自由度を下げればよいのです。つまり、その作業自体を、あらかじめ決められた枠（フォーマット）に嵌めてしまうのです。

「思考を整理する」などの人間的な活動は、個性・状況・文脈などの具体的な要素に強く依存するため、本来的に高い個別性を持ちます。そのため、100人の人間がいれば、互いに異なる100通りの活動があるはずです。しかし、すべてが完全に個別化しているかと言うと必ずしもそうではなく、そのパターンごとに論理で普遍化できる部分が存在します。

例えば、経営学は「経営」という個別性の高い活動を分析することによって、ビジネスの成否を決める傾向を見いだそうとする学問です。一方で、経営やビジネスが人間の活動である以上、科学のように「こうすれば儲かる」とすべてを法則化することはできません。

実際、経営学者の楠木建さんは、「現実のビジネスの成功失敗の八割方は『理屈では説明できないこと』で決まっている」「経営や戦略を相手にしている以上、法則定立は不可能」と断言しています。また、多くの経営学者も「経営学は『科学』ではない」と同様に認めるでしょう。しかし、それを認めながらも、楠木さんは（そして多くの経営学者も）「それでも論理はある」（それが残りの二割だ）と主張しています[注1]。

戦略系のコンサルタントが、いわゆる「フレームワーク」と呼ばれ

注1　楠木建 著『ストーリーとしての競争戦略』、東洋経済新報社、2010年

る思考の枠組み（マーケティングの4Pとかファイブフォース分析とか、そういうものです）を使うのは、経営学で得られた知見を現実の経営課題に適用し、課題解決に向かうアプローチの自由度を下げるためです。

つまり、個別の課題に対して普遍化された枠組みを嵌めれば、適切な打ち手を選択できる可能性が高まり、課題解決の効率が上がるのです。

エンジニア・研究者が技術の内容を文書化するテクニカルライティングにも、同じことが言えます。ライティングが個別性の高い人間の活動である以上、「こうすればうまく伝わる文章が書ける」という法則はありません。しかし、うまく伝えられる可能性を上げるための論理・方法論はあります。その1つが「フォーマットにのっとって記載すること」です。つまり、エッセイ化しないために記載の自由度を下げるのです。

立体的な関係性を重視する黄金フォーマット

図2-1は、記載の自由度を適切に下げる「黄金フォーマット」を表し

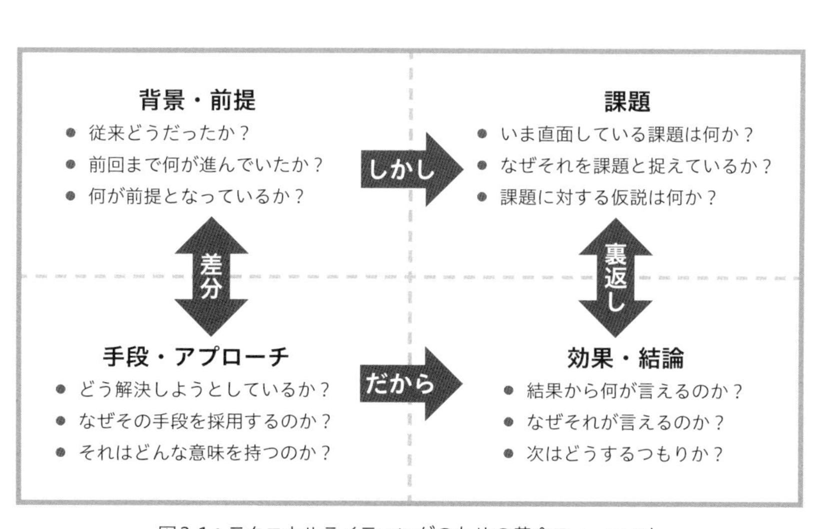

図2-1：テクニカルライティングのための黄金フォーマット

ています。

おそらく、多くのエンジニア・研究者は、背景・課題・手段・結論の構成に沿って記載するなど、当然と認識しているでしょう。こうした章立てに沿って文章を書き起こしていくことは作文の基本であり、エンジニア・研究者に限らず多くの人が実践していることだと考えているはずです。だから、「黄金フォーマット」と言われても、どこが「黄金」なんだ、普通の構成を正方形に配置換えしただけじゃないかと感じたかもしれません。

しかし、この4つの章立て（フォーマットの各ボックス）の「関係性」について、深く考えたことがあるでしょうか。

実は、**背景・課題・手段・結論の構成は、その直列の流れが重要なのではなく、それらの立体的な関係性が重要**なのです。そして、**「隣接するボックスの内容が関係性を満たす」という拘束条件を可視化して自由度を下げ、それを書き手に意識させるようにしたのがこの黄金フォーマット**です（図2-2）。これは「技術的内容を言語化するフレームワーク」であり、抽象的な思考を直接言葉に落とすよりも、高い精度で思考を整理できます。

関係性とは、論理的な繋がりのことです。例えば、背景と課題とは、「しかし」の逆説関係が成り立たなければなりません。従来技術をもってしても、なお生じるものを「課題」と呼ぶからです。また、手段と効果とは、「だから」の順接関係で結ばれている必要があります。従来技術を超える新しいアプローチによって得られる結果こそ、「効果」と呼べるからです。そして、従来技術（背景）と新しい手段との差分が、正しい位置づけによって明確化されるオリジナリティであり、課題の裏返しとして得られる解決の良否（効果の大きさ）が、結果・結論が持つインパクトです。

各ボックスの内容を展開して一連の文章として資料化したとき、それをすっきりと疑問なく読み通せるとすれば、それはこの関係性が厳密に維持されているからです。つまり、フォーマットで課された拘束条件により論理性が正しく成立しており、課題解決に至るストーリーが明瞭になっているのです。逆に、各ボックスの内容が日本語としてどれほど流暢であったとしても、この関係性が維持されていなければ、全体としてちぐはぐな技術資料にしかなりません。それほどこの関係性は絶対で、これさえ維持できていれば、自然とオリジナリティが浮

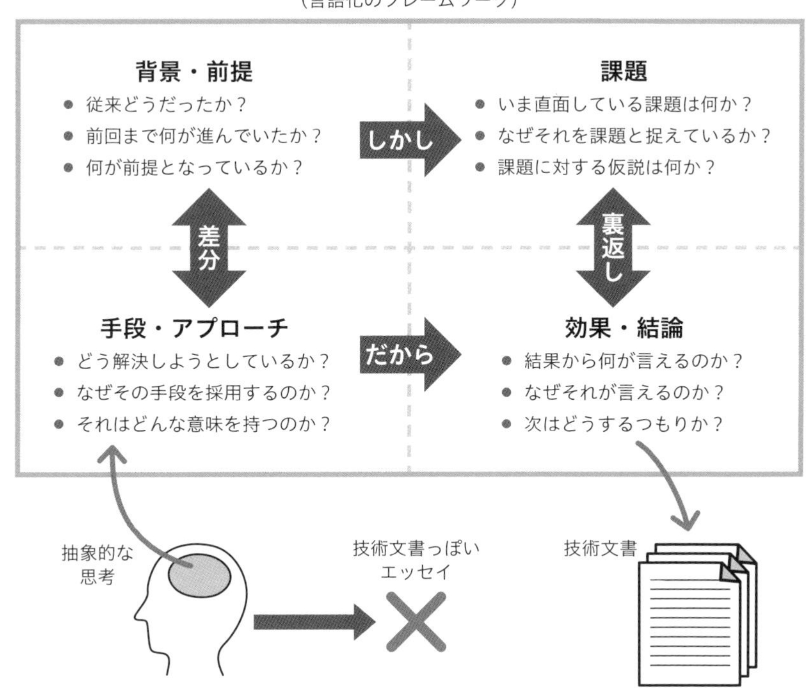

図2-2：黄金フォーマットを介して正しい言語化を実現する

き彫りになります。

研究開発を進めるうえでこの立体的な関係性を常に意識し、もしそれを満たさないと気づいた場合に、「なぜ関係性に矛盾が生じるのか」「これに矛盾することなく言語化するためには何が足りないのか」を追求するのとしないのとでは、得られる成果に差が出るでしょう。

なお、後述するように、研究開発の過程では、この関係性を厳密に満たさないこともあります。具体的には、課題解決のアプローチが固まっていない場合、その途中で得られる中間結果は課題の裏返しとして不十分であるため、きちんとフォーマットに嵌まらないことは当然あります。例えば、「カレーにコクが不足する」という課題を解決するために、「スパイスＡを加える」というアプローチを試したなら、「コクが増した」という効果（課題の裏返し）が本来期待されます。そのため、「辛さが増した」という効果では関係性を満たしません。しかし、最終的に「コクを増す」ために、まずは「辛さを増す」という中間結果を得たと理解できるなら、研究開発の過程においては問題ないと言えます。

関係性を満たさないダメな例

ここまで述べてきたように、技術の内容をうまく伝えられないのは、自身の取り組みの位置づけを適切に言語化できないことが主な原因です。つまり、フォーマットに含まれる「差分」の関係性を十分に満たさないまま「手段・アプローチ」のボックスだけを必死で埋めようとしている場合に起こりがちです。

そして、それが起きる原因をさらに追求すると、それ以外の関係性も適切に満たしていない場合がほとんどなのです。こうした原因を抱えたままでは、すべての関係を適切に満たすようにフォーマットの各ボックスを埋められず、全体として必ずどこかに歪みが生じます。

これを、「アイコン群の周回インターフェース」という技術を説明する資料を具体例にして説明します。

●ダメな例その1 —— 現状（背景・前提）に関する説明がない

次の資料は、ユーザインターフェースを開発したエンジニアが描いた模式図とその説明です。このエンジニアは、自身で考案したユーザインターフェースを以下のような資料で説明しました。

楕円軌道に沿って周回するアイコン選択インターフェース

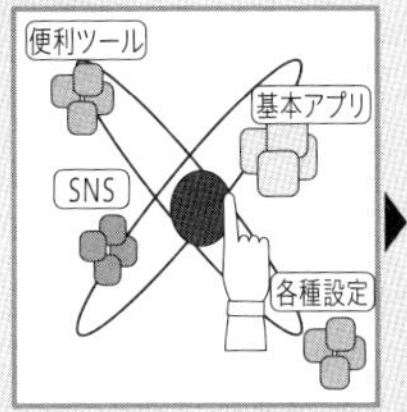

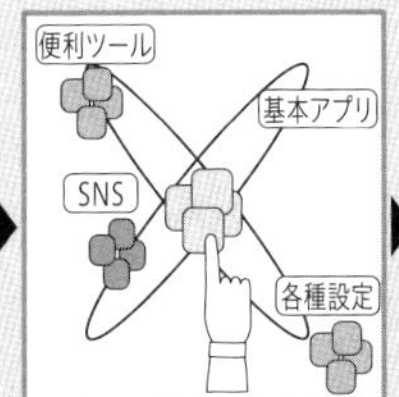

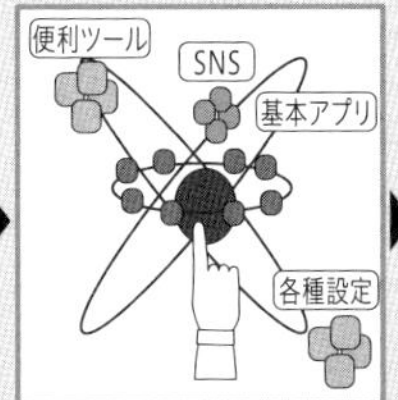

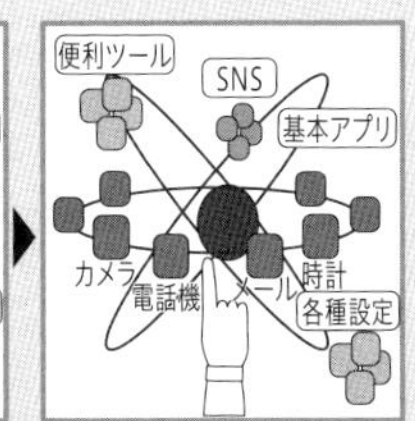

スマートフォンにインストールしたアプリケーションの数が多いほど、ホーム画面に表示されるアイコンの数が多くなる。多数のアイコンが表示されていると、目的のアイコンを探し当てる作業が煩わしくなる。

このインターフェースでは、ユーザによるフリック操作と連動して、複数のアイコンをグループ化した「アイコン群」が楕円軌道に沿って周回する。楕円軌道の中央に位置する「選択エリア」にユーザがアイコン群をドラッグすると、そのアイコン群に含まれる複数のアイコンが展開され、新たな楕円軌道に沿って周回するように表示される。周回するアイコンをタッチすることによって、ユーザはアプリケーションを起動できる。

これにより、アイコンの一覧性が向上するため、目的のアイコンを探し当てる作業が楽になる。

このエンジニアは「新しいユーザインターフェースを開発した」と述べています。そして、このユーザインターフェースによって、「目的のアイコンを探し当てる作業が煩わしい」という課題が解決できると主張しています。タッチパネルを操作する手元をアイコン群が入れ替わるように楕円軌道に沿って周回移動し、これにより「一覧性が向上する」からというのがその根拠です。その結果「目的のアイコンを探し当てる作業負荷を軽減できる」と、エンジニアはその効果をアピールしています。

ところが、これをフォーマットに当てはめると、図2-3のようになります。黄金フォーマットに含まれるボックス間の関係性を適切に満た

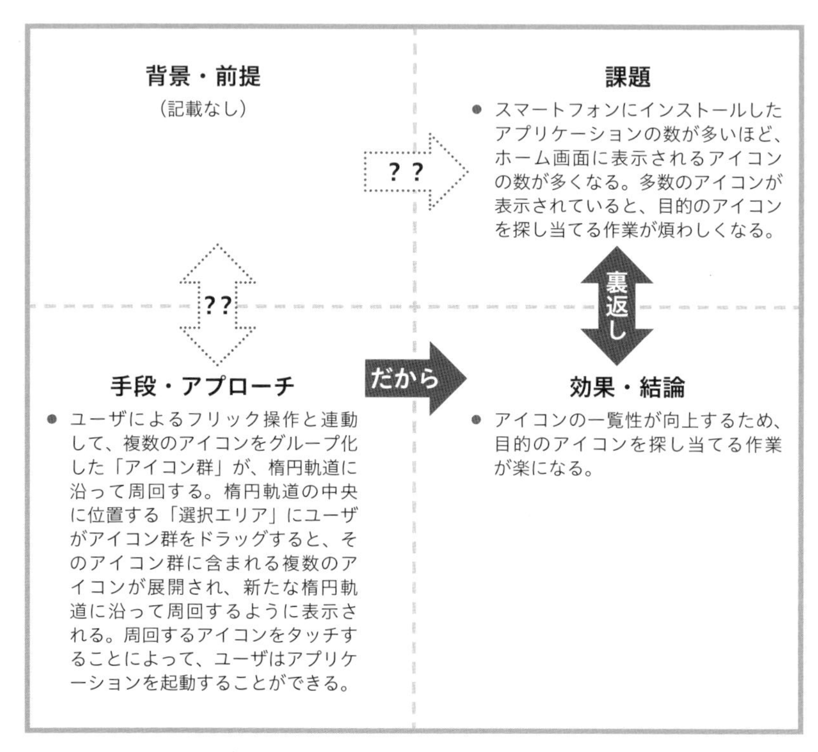

図2-3：「ダメな例その1」を黄金フォーマットに当てはめると……

しておらず、全体として歪な構造になっていることが一目瞭然です。

まず、「背景・前提」となる内容がありません。つまり、前章で説明したとおり、「優れた課題の3条件」の1つ目の条件（解決の基礎がすべて存在する＝現状を把握する）を満たしていないのです。現状を把握できていなければ、課題を発見できるはずもないので、課題のボックスに記載した内容を「課題」と捉えた理由が理解できません（逆説関係が成り立たない）。

また、現状との対比がなければ、手段のボックスに記載した内容のオリジナリティも浮き彫りになりません（差分が不明確）。これでは相対化など当然できないため、「何にオリジナリティがあるか」を本人も正確に理解できていないはずです。これが関係性を満たしていない状態であり、フォーマットに当てはめたときバランスを欠いた歪な構造としてそれが現れるのです。

●ダメな例その2 —— 手段・アプローチしか書かれていない

同じインターフェースを別の角度から説明したダメな具体例を、もう1つあげます（模式図は省略しています）。

楕円軌道に沿って周回するアイコン選択インターフェース

スマートフォンは、ホームボタンが押されたことを検知すると、ホーム画面を表示するための初期化処理を実行する。タッチパネルでユーザ操作を検知すると、それが通常のタッチ入力かフリック入力かを判定する。

タッチ入力の場合、その対象がアイコンであればそのアイコンに対応するアプリを起動し、アイコン群であればそのアイコン群に含まれるアイコンが楕円軌道に沿って周回するインターフェースを表示する。

一方、フリック入力の場合、その対象が楕円軌道であるか否かをさらに判定する。楕円軌道である場合、最前面に表示されるアイコン群が順次入れ替わるように軌道に沿ってアイコン群を周回させる。そして、楕円軌道の中央に位置する「選択エリア」にユーザがアイコン群をドラッグしたことを検知すると、そのアイコン群に含まれる複数のアイコンが展開され、新たな楕円軌道に沿ってアイコンが周回するようなインターフェースを表示する。一方、フリック入力の対象が楕円軌道でない場合は、ホーム画面に戻る。

このインターフェースにより、スマートフォンにおけるアイコンの一覧性が向上する。

フローチャートをイメージして文章化しているようなので、スマートフォンがどのような処理をどういう順番で実行するかは理解できます。また、最後の一文から「アイコンの一覧性が悪い」ことを課題と認識していることがかろうじて読み取れます。しかし、全体としては「とりあえずこういうことを考えてみました」以外に何も分かりません。

これをフォーマットに当てはめると、図2-4のようになります。一目で歪な「技術資料っぽいエッセイ」であることが理解できるでしょう。

上段のボックスが2つとも記載されていないため、「そもそもなぜこの話をしているのか」まで話を巻き戻さなければ何も理解できません。このように、エンジニア・研究者が「自分がやったこと」(手段・アプローチ)のみにフォーカスし、他との関係性(相対化)を明確にしない結果、受け手が抱く「なぜ」という疑問に答えられず、うまく内容が伝わらないケースは少なくありません。そして、エンジニア・研究者としてコミュニケーション能力がないとは、まさにこうした歪な状態を指します。

黄金フォーマットにのっとって改善した例

こうしたダメな具体例に対して、黄金フォーマットの関係性を意識しながら資料を書くと、次のように改善されます（こちらも模式図を省略しています）。

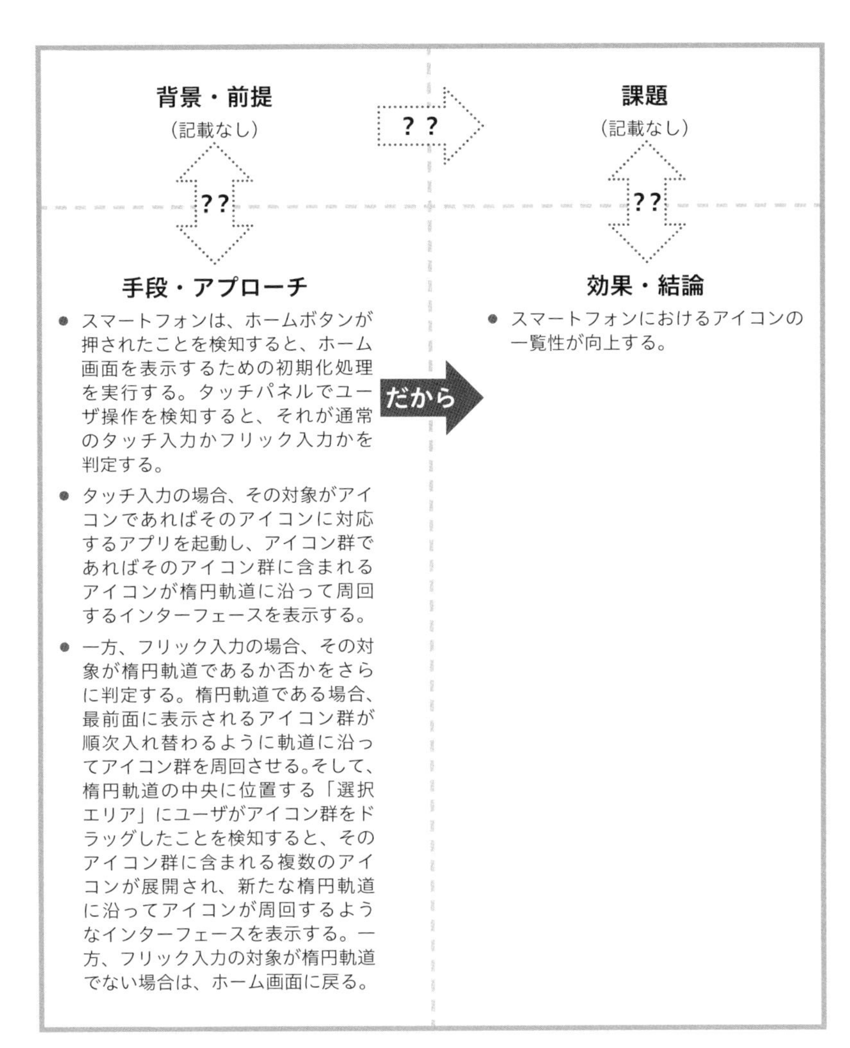

図2-4：「ダメな例その2」を黄金フォーマットに当てはめると……

楕円軌道に沿って周回するアイコン選択インターフェース

スマートフォンにインストールしたアプリケーションの数が多いほど、ホーム画面に表示されるアイコンの数が多くなり、目的のアイコンを探し当てる作業が煩わしくなる。そこで、目的のアイコンを素早く発見するために、複数のアイコンをグループ化した「アイコン群」を並べて表示するインターフェースが考案されている。

従来の「アイコン群」を並べて表示するインターフェースでは、ユーザは目的のアイコンを含むアイコン群を効率よく特定できない。アイコンの数が特に多くなると、ユーザは並べられたアイコン群を漫然と眺めることしかできず、アイコン群を探し出す集中力を維持することが困難になるからである。そのため、煩わしさを軽減する方法として不十分である。

今回考案したインターフェースは、ユーザによるスライド操作と連動するように、アイコン群を楕円軌道に沿って周回させる。

アイコン群を探し出す集中力を維持させることができるため、目的のアイコン群の見落としを防止できる。これにより、ユーザは目的のアイコン群を効率よく特定できるため、煩わしさを軽減できる（探し当てる作業が楽になる）。

この改善例をフォーマットに当てはめると、図2-5のようになります。

先の「ダメな例その1」「その2」との大きな違いは、上段2つのボックスの記載が充実し、全体として正方形になっていることです。よほどの大発明でない限り、多くの先人たちが営々と築き上げた先行技術・工夫・知見を前にすると、多くの場合、自分のオリジナリティ・インパクトなど実にささやかなものです（本当にたいていそうです）。そのため、各ボックスの関係性を適切に満たすように記載すれば、自然と背景・課題のボックスの方が充実するはずなのです。

それに対応して、下段2つのボックスの記載は淡泊です。特に、手段はわずか1行で要約されています。位置づけさえ明確であれば、ダメな例その2のように延々とフローチャートを文章化しなくても要約から詳細を想像できるからです（もちろん、詳細が求められる場面であれば詳細を追加する必要があります）。

繰り返しますが、**フォーマットに含まれる各ボックスの記載内容も重要ですが、それ以上にそれらの立体的な関係（順接・逆説の関係、差分・裏返しの関係）が重要**です。その関係を厳密に維持し、全体の構造を明確にすることによって技術的な内容を論理的に伝える能力こそ、エンジニア・研究者に求められる「コミュニケーション能力」の正体

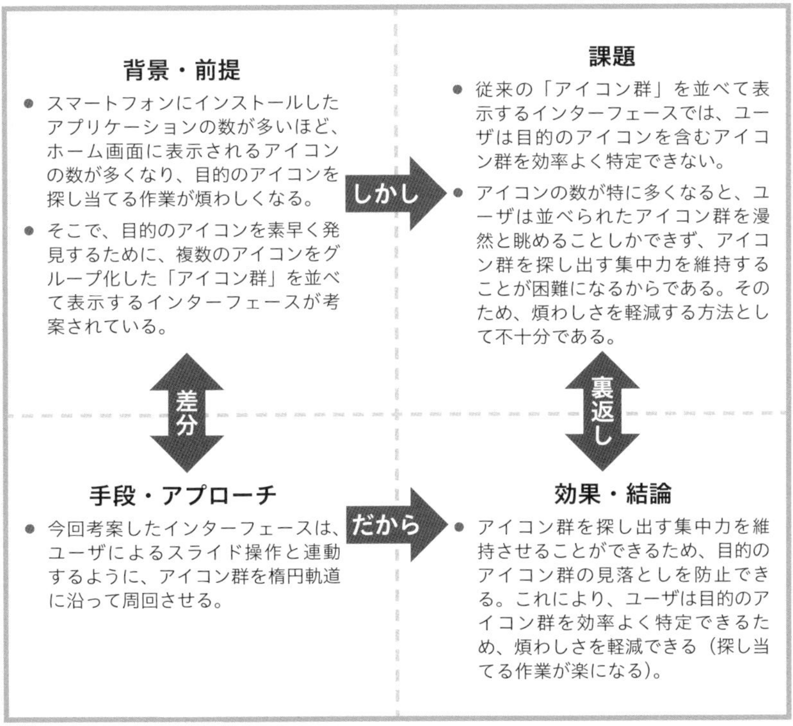

図2-5：改善例を黄金フォーマットに当てはめた結果

なのです。そして、コミュニケーションは「ミッションの達成」という目的に対する手段ですので、その能力は実務能力と等しく重要な目的遂行能力の一部と言えます。

前述したように、エンジニア・研究者として優秀な人は、「大きな成果をあげたから良い技術資料を書けた」のではなく、「良い技術資料を書くことを意識して研究開発を進めたから、大きな成果を上げられた」のです。**「伝わりやすく言語化・文書化できる」ことと「問題を解決する能力が高い」こととは、強く相関します。**

黄金フォーマットを用いる効果

前章では、エンジニア・研究者としてのコミュニケーション能力が低い場合に生じる典型的な状態として、次の4つを例にあげ、能力不足を自覚できると説明しました。

(1) 課題を適切に設定できない
(2) 課題にフォーカスできない
(3) 解決方法を思いつかない
(4) 内容を理解してもらえない

まず、「(1) 課題を適切に設定できない」という状態にあるなら、「しかし」の逆説関係を意識するだけで十分です。この状態に陥る原因の1つとして、先行技術を詳しく知らないことをあげました。しかし、この関係に意識的でありさえすれば、先行技術では解決できない課題を探そうとして、その内容を深く知ることに自然と目が向くはずです。

また、「(2) 課題にフォーカスできない」という状態に対しても同様です。この状態に陥る原因の1つとして、課題を適切に言語化できていないことをあげました。しかし、逆説・差分の関係を意識すれば、先行技術を深く知り、それに潜在する課題を見極め（逆説関係）、それを解決するために先行技術とはどういう点で異なるアプローチを試そうとしているのか（差分の関係）を言語として明確にしようとするはずです。ダメな例その2はそれができていないため、背景・課題のボックスが埋められていないのです。

そして、「(3) 解決方法を思いつかない」という状態にあるなら、まず「だから」の順接関係と課題・効果の裏返し関係を意識すればよいでしょう。この状態に陥る原因の1つとして、課題の設定が甘いことをあげました。しかし、この関係に意識的でありさえすれば、そもそも課題の裏返しとして得られる結果（効果）として本来何が望ましいのかというゴールが明確になります。そうすれば、その結果を得る（順接関係が成り立つ）ためのアプローチの方向性が自然と絞られるはずです。

ただし、その方向性のなかに、オリジナリティのあるアプローチが含まれているとは限りません。ゴールに至るアプローチのオリジナリティは、先行技術との位置づけで決まるからです。解決方法を思いつかない状態に陥るもう1つの原因として、先行技術を詳しく知らないことをあげたのは、順接関係からアプローチの方向性を逆算しても、その技術分野における知識が体系化できていなければアプローチの良否が判断できないからなのです。結局、研究開発の過程でより良いアプローチを模索するために、黄金フォーマットにのっとって言語化を進める場合、「手段・アプローチ」のボックスと隣接する2つのボックスとの関係（差分の関係・順接の関係）を考慮し、挟み撃ちするようにあぶり出すことになります。

最後に、「(4) 内容を理解してもらえない」については、もはや詳しく説明する必要はないでしょう。フォーマットに含まれる各ボックスの記載内容の関係を維持するようにそれぞれを言語化し、全体の構造を明確にできれば、「自分が取り組んだ内容の本質を、自分で理解できていない」や「課題の提起から結果を得るまでに至る全体のストーリーが見えにくい」などの問題は自然と解消し、きちんと相手に理解してもらえるようになるでしょう。

図2-6は、フォーマットにのっとって記載の自由度を下げ、その状態で言語化した結果として、最終的に何が実現されるかを示したものです。

実際に研究開発に携わった本人であるエンジニア・研究者にとっては、結果を得るために経た道程は必然であったはずです。そのため、「自分が何をやってきたか」のみに説明が集中し、図2-6の(a)のような説明(「ダメな例その2」に対応)になってしまいがちです。

しかし、初めて内容に接する相手には、常に「なぜ?」という疑問がつきまといます。例えば、次のような疑問が考えられるでしょう。

- 従来の先行技術(あるいは前回の報告内容)に基づいて、なぜ今回の課題を設定したのか?他にもたくさん課題は考えられたはずなのに、なぜ今回その課題を取り上げたのか?
- その課題を解決する過程で、なぜ今回のアプローチを採用したのか?そのアプローチは、従来の先行技術と比較して、どこがどのように異なるのか?他にも解決のアプローチは考えられるはずだが、なぜそのアプローチが最も有効であると主張できるのか?
- そのアプローチから、なぜその結果が得られるのか?そして、その結果が、なぜ当初に設定した課題を解決できるのか?

このように、理解を阻害する「なぜ?」という疑問を全て解消するためには、「自分がやったこと」だけでなく、それと従来の先行技術との相対的な差分（位置づけ）を考慮し、それを正確に言語化する必要があります（図2-6の（b））。そして、そういう小難しいこと自体を意識することなく、最も効果的に実現できる方法が「黄金フォーマットにのっとって記載すること」なのです。

ちなみに、この黄金フォーマットは、世界知的所有権機関（WIPO）により「共通出願様式」として世界的に統一された特許明細書のフォーマットです。特許の出願書類（特に、発明の内容を詳細に記述した明細書）は、技術的な内容を広く社会に公開する技術文書であるとともに、特許の権利範囲を確定させる権利書としての役割を兼ねるため、不明確に記載することが許されません。このフォーマットは、多くの専門家による長年の試行錯誤を経て完成された、**最もシンプルかつ明確に言語化できる「絶対不動のフォーマット」**なのです。

それでは、次節から各ボックスに記載すべき内容を詳細に説明します。

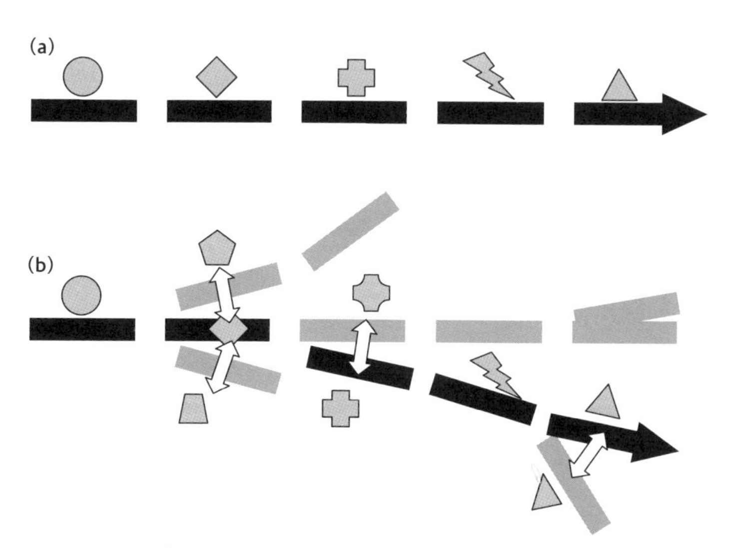

図2-6：位置づけを明確にして相手の疑問を解消し、理解を促す

2-3 背景
―― 基礎（従来技術）の確認

今後の展開を説明するうえでの「基礎」を明確にする

フォーマットに含まれる最初のボックスは、「背景」です。**その技術分野において、「いま、どのような方法で、何がどこまで達成されているか」という基礎（ベースライン）を明確にする箇所**です。

エンジニア・研究者には、このベースラインを言語化することを軽視する人が少なくありません。自分にとって当たり前のことが多すぎて書く気にならなかったり、他人の成果を紹介することに消極的であったり、自分が前に報告したことの繰り返しを冗長と感じたりするなど、理由はさまざまですが、4つのボックスのなかで最も軽視されやすい箇所と言えます。

しかし、この「背景」で明確にされる基礎から逆説関係で「課題」が導かれ、その課題を解決できる基礎との差分が「手段」となるため、「背景」でこの基礎を正確に言語化することがまず重要です。そもそも、前章で述べたように、基礎を理解していなければ相対化（位置づけの明確化）など不可能でしょう。実際にダメな例その1ではここが空欄になっていたため、相対化の不十分により全体が整合していませんでした。「As Is」（いまどうなっているか）のない「To Be」（こうしたい）は単なる妄想に過ぎません。

必要な「背景」の粒度は聞き手によって異なる

このボックスを埋めるうえで注意すべきことは、メッセージを伝える相手の予備知識やその目的に応じて、基礎となる内容が大きく異なるという点です。

例えば、次の3つの状況を考えましょう。

(1)　週次の社内打ち合わせで研究開発の進捗を報告する
(2)　世界トップクラスの研究者が集まる国際的な学術会議で研究成果を発表する
(3)　経営者が集まる取締役会で研究開発の状況を報告する

(1) の場合であれば、「前回の報告時点ではこうでした」が背景（基礎）に相当する内容です。とはいえ、週次で報告されており、出席者全員が事前にだいたいの内容を記憶しているなら、長々と説明する必要はないはずです。また、「定例の進捗報告」という目的に照らしても、この箇所は一言で済ませてよいでしょう。

同様に、(2) の場合も、「いつ、誰が、どんな成果を出したか」についてその分野の専門家は熟知しているため、長々と講釈をたれる必要はないでしょう。しかし、逆説関係で「課題」へと繋げるためには、その課題を見いだした経緯を「背景」で深く掘り下げて説明する必要があります。つまり、最終的には「この研究分野にはこういう課題があったため、私はこういう新しいアプローチでここまで成果を出した」と主張したいわけですから、その新しいアプローチと類似のアプローチを採用した先行研究を説明することにより、課題と差分（オリジナリティ）を浮き彫りにするということです。

そして、(3) の場合は、相当な工夫が必要です。取締役会の目的は「経営の状況を確認する」ことにあり、その一環として経営者は「研究開発の全体の状況」を知ろうとしているわけですから、個別の内容に踏み込んで説明することは基本的に求められていません。つまり、「いつまでに、何が、いくらで実現できそうか」という全体像が最初にあって、それに対して「いま全体としてどこまで進んでおり、いくらかかっているか」が次にあり、ようやく最後に「こういう背景があるため、例えばこういう取り組みを進めている」という着目すべき個別の話に進みます。そして、取締役会に出席している上層部の方々は、技術的な予備知識に乏しいと考えられるため、報告の内容としては、ざっくりと一言で要約される粒度の低いものになるでしょう。

「背景」を詳細化するためのピラミッド形式

「背景」を深く掘り下げて説明する必要がある場合（例えば、上記 (2) のような国際会議の場合など)、ここに帰納的なピラミッド形式で構造化すると論理性が増して分かりやすくなります。

図2-7は、「背景」のボックスに記載する内容を構造化する場合に組み立てるべき「帰納的なピラミッド」を模式的に表しています。

まず、最上位にある「背景」には、誰もが共感・納得できる導入（いわゆる「ツカミ」）を入れます。例えば、（先の「改善例」では簡略化のために記載しませんでしたが）「2007年にiPhoneが発売されて以来、世界的にスマートフォンが爆発的に普及している。その結果、AppStoreやAndroidマーケットなどのプラットフォームを介して、多数のスマホ用アプリケーションがリリースされている」という背景は誰もが知る事実ですので、大きな背景を述べる導入として十分でしょう。

この背景のもとで発生する課題は「目的のアプリ（アイコン）を探し当てることが難しい」ことがあげられます。これに対して、例えば「アプリに共通する機能を分類して、アイコン群を構成する」というアプローチ（従来例1）や、「アプリ名を入力して検索する」というアプローチ（従来例2）が過去に検討され、その結果「目的のアプリを特定できる」という効果を得られることを説明します。

つまり、過去に試されたアプローチ（基礎）を最初に複数列挙し、大きな背景から生じる課題にどのような解決が試みられてきたかを説明するのです。そして、それらの試みによって得られた従来の効果を説明した上で、「しかし」という逆説関係でそれでもなお解決できない課題とは何であるかに期待を集めます。これにより、いまから新たに取り上げる課題を解決することがどれほど有意義であるかを強調できます。

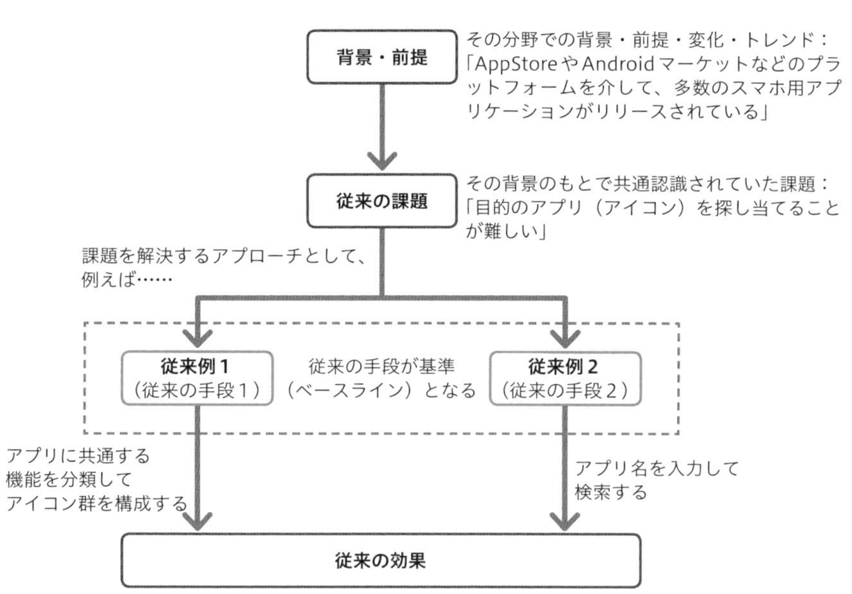

図2-7：「背景」を詳細化するピラミッド構造

2-4 課題
―― 従来技術では克服できない問題点

「課題」を正確に言語化し、仮説の精度を上げる

フォーマットに含まれる次のボックスは、「課題」です。その技術分野における最新の技術（「背景」で明確にされた基礎）をもってしても解決できないことを明確にする箇所です。

ここでは、課題そのものだけでなく、その課題が生じる原因（仮説）も厳密に言語化する必要があります。言語化を試みてうまく文章に落とし込めなければ、課題の見極めと仮説の立て方が甘いことに気づけるからです。

先に述べたとおり、言語化が難しい部分こそ課題化が不完全な部分であり、有効な仮説を持たないまま、単なる「作業」を進めようとしている証拠です。この状態では、「すべての川底をまんべんなくさらう」という不毛な作業をダラダラ続けるだけであり、具体的な成果に繋がりません。

ダメな例その1の「課題」には、「多数のアイコンが表示されていると（原因）、目的のアイコンを探し当てる作業が煩わしくなる（課題）」と書かれていました。しかし、改善例の「背景」に記載されているとおり、この課題は「複数のアイコンをグループ化した『アイコン群』を並べて表示するインターフェース」という従来技術によって、すでに解決されているはずなのです。実際、図2-8のように、カテゴリーごとにデ

ータ（アイコン）があらかじめ分類されており、「(1) ユーザは目的のデータが属するカテゴリー（アイコン群）を特定し」「(2) そのカテゴリーに属するデータが一覧表示された中から目的のデータを選択する」という「多階層（ツリー構造）による多段階操作」は、目的のデータを特定する操作としてよく知られています。

そして、今回のユーザインターフェースは、そのよく知られた操作を別の形でデザインし直したものと言えます。従来技術によってすでに解決されているなら、今回わざわざ解決すべき課題にはなりません。

「背景」で基礎をしっかり確認したうえで、課題と原因（仮説）を適切に言語化しようとしていれば、「多数のアイコンが表示されている」と、なぜ「煩わしくなる」のか、アイコン群を展開して一覧表示するだけでは、なぜ「煩わしくなる」という課題を解消できないのかと踏み込んで考えられたでしょう。特に、上司などから課題を切り出して渡されると、「この課題はなぜ生じたか？」と深く考えることなく、とにかく解決策だけひねり出すという傾向が若手に見られます。しかし、ここで「アイコン群を探し出す集中力を維持することが困難になる」という逆説関係の元ネタ（真の原因）まで踏み込むことが重要なのです。

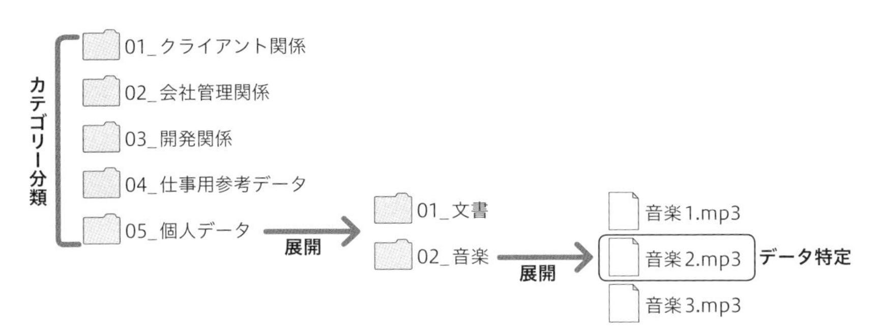

図2-8：よくあるツリー構造によるデータの特定

「課題」を詳細化するためのピラミッド形式

「背景」で従来例を複数あげた場合、いずれのアプローチを採用してもなお生じる課題が生まれるはずです。「課題」を深く掘り下げて説明する必要がある場合、ここに帰納的なピラミッド形式で先ほどと同様に構造化すると、やはり論理性が増して分かりやすくなります。つまり、先人によってよく練られたアプローチをもってしても解決できない課題とは何かを具体的に列挙することにより、それらの課題を一気に解決できる新しいアプローチに期待を集めるのです。

図2-9は、「課題」のボックスに記載する内容を構造化する場合に組み立てるべき「帰納的なピラミッド」を模式的に表しています。例えば、従来例1では、あまりにもアイコンの数が多くなるとアイコン群の数も多くなり、それらを1つずつ展開して目的のアイコンを特定する際にユーザは集中力を維持できず、結果として特定の効率が下がることが考

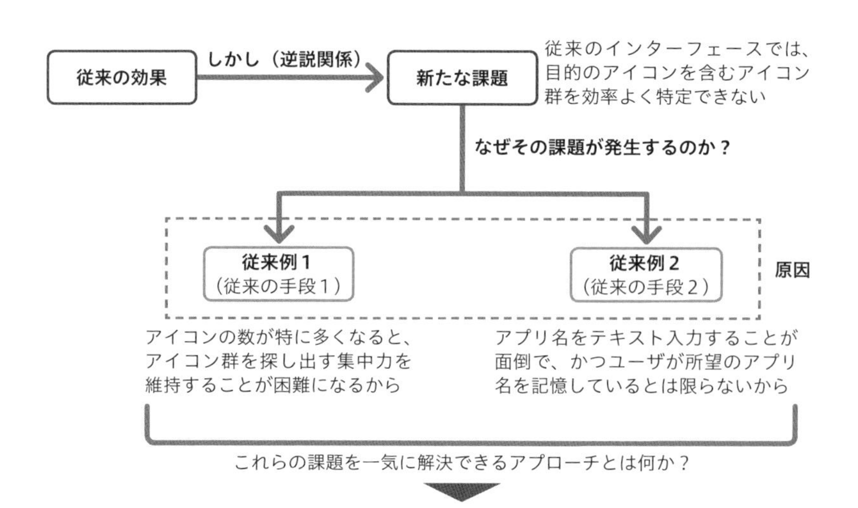

図2-9：「課題」を詳細化するピラミッド構造

えられます。また、従来例2では、スマホでアプリ名をいちいちテキスト入力して検索することが面倒であったり、そもそも目的のアプリの名称を覚えていなかったりする問題も考えられます。

そこで、これらの課題を一気に解決できるアプローチは何であるかを考えたとき、「アプリ名を入力させることのない、視覚的なエンターテイメント性の高いインターフェースなら、集中力を維持させて目的のアイコンを特定させやすくなるのではないか？」という仮説が考えられます。もしこの仮説が正しいと仮定すれば、「どのようなエンターテイメント性を提供すれば、ユーザが飽きることなく簡便にアイコンを探し当てられるか？」というアプローチに集中できるでしょう。

まとめると、「背景」で明確にした基礎に基づいて、「どのような課題があるのか」「なぜその課題が生じるのか」という2点を、しっかりと言語化する必要があります。課題の見極めと仮説の立て方が甘くなると、真の原因まで到達できず、全体がちぐはぐになることに注意しましょう。

特に、「背景」を掘り下げて詳細に説明した場合、それぞれの従来例で生じる課題を同様のピラミッド形式の構造で明確にし、これらを「手段」で明確にするオリジナリティによって解決できるという主張の布石を打つと効果的です。

2-5 手段
―― 新しいアプローチ

差分「のみ」をオリジナリティとして抽出する

フォーマットに含まれる3つめのボックスは、「手段」です。**これまで未解決だった課題を解決できるアプローチと、その技術分野における従来の手段との差分（オリジナリティ）を明確にする箇所**です。ここでは、自身で生み出した技術を過大評価することなく差分「のみ」を言語化することが重要です。

図2-10は、従来技術と新しい技術との差分（オリジナリティ）を示す模式図です。第1章で説明したように、ダメな技術資料を書いてしまうエンジニア・研究者の多くは、自身で開発した技術を過大評価する傾向があります。本来、従来技術と新しい技術とを慎重に比較すれば、新しい技術のオリジナリティ（図のCで示す部分）のみが浮き彫りになるはずです。しかし、多くの人は従来から存在していた構成や実現されていた機能を新しい技術の一部として取り込み（A、Bで示す部分）、水増しした状態で自身の技術を評価してしまうのです。

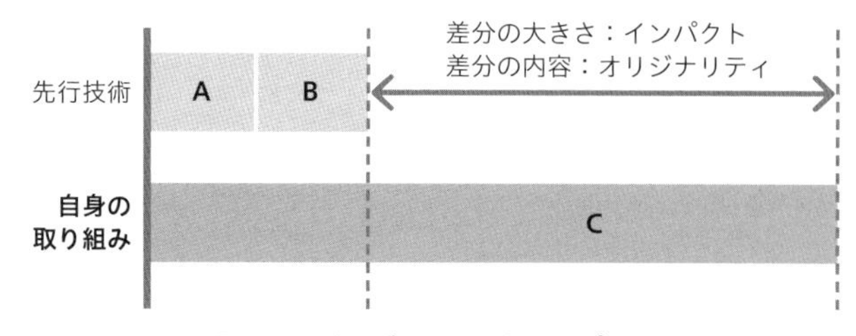

図2-10：オリジナリティとインパクト

例えば、ダメな例その1でもオリジナリティが水増しされていました。前述したとおり、「多階層（ツリー構造）による多段階操作」はすでに実現されているため、「複数のアイコンをグループ化したアイコン群」「アイコン群に含まれる複数のアイコンが展開され……アイコンをタッチする」の部分は、「デザイン」が従来と異なるだけであって、「技術」としては新しくありません。

次に、ユーザがアイコン群を選択するために、「選択エリアにアイコン群をドラッグする」という操作は、ドラッグ・アンド・ドロップと同じですので、この部分も新しいとは言えません。

そのため、最後に残された「アイコン群が楕円軌道に沿って周回する」「複数のアイコンが……新たな楕円軌道に沿って周回する」という部分のみが、このユーザインターフェースの「オリジナリティ」と言えそうです。しかし、ダメな例その1では従来から知られた「アイコン群」や「ドラッグ」（A、B）が取り込まれ、「オリジナリティ」として説明されています。

オリジナリティを見誤るとインパクトの評価も不正確になる

開発した技術のオリジナリティを見誤ると、その特徴によって実現される効果（インパクト）も見誤ることになります。本章で示した例において、エンジニアは「目的のアイコンを探し当てる作業が楽になる」と効果を主張していますが、この効果は、「アイコン群」「ドラッグ」「周回する」という3つをオリジナリティと誤解したうえで導かれた効果です。真のオリジナリティである「周回する」のみでは、「楽になる」と主張する根拠として薄弱で、論理の飛躍が感じられます。

「周回する」ことによる効果は、「アイコン群を探し出す集中力を維持させることができる」になると想像できます。単にアイコン群を並べて表示するだけでは、ユーザは注意を向ける対象を絞り込みづらいからです。そして、ユーザが手元に集中力を維持してアイコン群をフリック操作することにより、目的のアイコン群の見落としを防止できると考えられます。その結果として、ユーザは目的のアイコン群を効率よく特定できるため、「楽になる」と主張することはできそうです。

このように、「先行技術との差分のみを慎重に抽出する」（オリジナリティを明確にする）ことは、優れた資料を書くために最低限必要な作業です。そして、抽出された差分によって発揮される効果だけを、その技術の「新しい価値」（インパクト）として主張できます。この一連の思考を「位置づけを明確にする」と呼びます。これができれば、内容を説明する文書において論理が自然と強固になり、課題解決に至るストーリーの流れが良くなります。

図2-11は、課題が生じる原因に対して立てた仮説（エンターテイメント性が必要）に基づいて、この原因を潰すアプローチを「手段」の

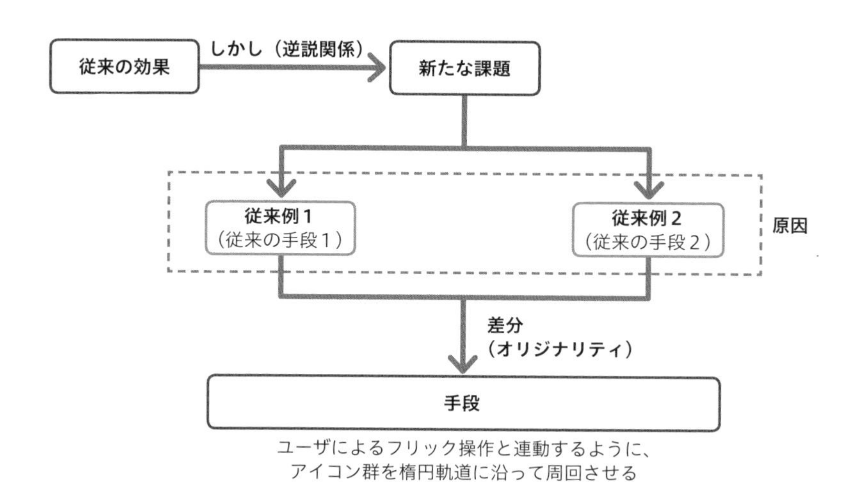

図2-11：従来の手段から新たな「手段」に至る構造

ボックスに記載する内容とした構造を模式的に表しています。

つまり、目的のアイコンを探すためにユーザに1つ1つアイコン群を順番に展開させたり、アプリ名を思い出させながら入力を繰り返させたりするのではなく、軽快なフリック操作でアイコン群をスタイリッシュに周回させるというエンターテイメント性を持たせれば、ユーザに煩わしさを感じさせることなく、結果として目的のアイコンを特定させやすくなるというオリジナリティを主張しています。

英文を想像して言語化の精度をチェックする

また、このボックスでは、言語化の精度が特に重要になります。つまり、「何が」「どのように」差分を生み出すかについて、厳密にロジックを詰める必要があります。

このとき、英訳文を想像すれば言語化の精度を検証できます。日本語は、主語を意識しなくても意味のとおった文章を書けてしまうので、主体が曖昧で漠然とした文章になりがちです。心情を書き綴るエッセイならそれで構わないでしょう（これを「クリエイティブライティング」と呼びます）。しかし、技術的な内容を正確に見える化し、その過程で思考を明晰にしようとするテクニカルライティングでは、できるだけ曖昧さを排除する必要があります。文章が緩くなると言語化が甘くなり、思考に隙が生まれるからです。

例えば、ダメな例その1では「手段」のボックスに「ユーザによるフリック操作と連動して、複数のアイコンをグループ化した『アイコン群』が、楕円軌道に沿って周回する」と書かれています。この英訳文の骨子は「The icon group goes around the elliptical orbit.」になるでしょうから、主語は「アイコン群（the icon group）」です。ところが、「アイコン群」は差分の主体にはならないはずです。この例では、差分を生み出す主体は、本来「新しいインターフェース」ですので、「The new interface」を主語にすべきと分かります。そのため、改善例では「今回考案したインターフェースは、ユーザによるスライド操作と連動するように、アイコン群を楕円軌道に沿って周回させる」と書かれています。

最もまずいのは、受動態でしか英訳できない文章を書いてしまうことです。この場合、日本語の原文から主語が無意識に省略されており、「自明と思い込んでいること」が入り込んでいるおそれがあります。そして、「何が」という主体が欠落すると、「どのように」の具体的手段まで曖昧になる傾向があります。正しく主体を明確にし、能動態を意識した文章を組み立てることが、この箇所では特に重要です。

また、テクニカルライティングでは、副詞や形容動詞を使わないようにしましょう。例えば、「慎重に」「迅速に」などの形容動詞は、3文字増えているだけで情報は増えていないため内容の理解に寄与しません。「非常に」「極めて」などの程度を表す副詞なども使いがちですが、主観を含んだ曖昧な表現になりやすいので、できるだけ使わない方が隙のない文章になります。

2-6 効果
―― 今回の新たな発見

「課題」の裏返しが「効果」になる

フォーマットに含まれる最後のボックスは､「効果」です。原則として、「効果」は「課題」と裏返しの関係にあるので、**「～という課題を解決できる」という結論を明確にする箇所**になります。そして、解決できる課題の産業的・学術的な意義が大きいほど、インパクトが大きいということになります。前述したように、ディープラーニングが世界中から注目を集め、第3次人工知能ブームに火を付けたのは、画像認識の精度を劇的に改善したインパクトが凄まじかったからです。

ここでは、効果そのものだけでなく、その効果が生じる理由も厳密に言語化する必要があります。つまり、「手段」で明確にしたオリジナリティが、どのように作用してその効果を生み出すのかについて理屈を詰め､「手段」と「効果」を順接の関係で繋ぎます（図2-12)。「課題」と「効果」が裏返しの関係を満たしていたとしても、この順接の関係が弱ければ､「手段」がその効果を支える根拠として弱い（論理の飛躍がある）ということに気づけます。

例えば、ディープラーニングを例にすれば、2以上の中間層を持つニューラルネットワークを学習させることが実質的に不可能で、実問題への応用に堪えるほどの認識精度が出なかったところ（課題)、これをうまく学習させる機構を取り入れたことにより（手段)、モデルの表現能力が向上したため（作用＝効果が生じる理由）、既存の認識精度を劇的に向上させ、実用に堪える精度を実現した（効果）という矛盾のない順接・裏返しの関係が成立します。

同様に、先の改善例では、エンターテイメント性によりユーザはアイコン群を探し出す集中力を維持させることができるため（作用＝効果が生じる理由）、目的のアイコン群の見落としを防止できる（効果）。これにより、アイコンを探す煩わしさを軽減でき、ユーザは目的のアイコンを効率よく特定できる（効果）――ということになり、この効果は確かに「アイコンを特定する効率が下がる」という課題を解決できている（課題と効果が裏返し関係を満たしている）ことが分かります。

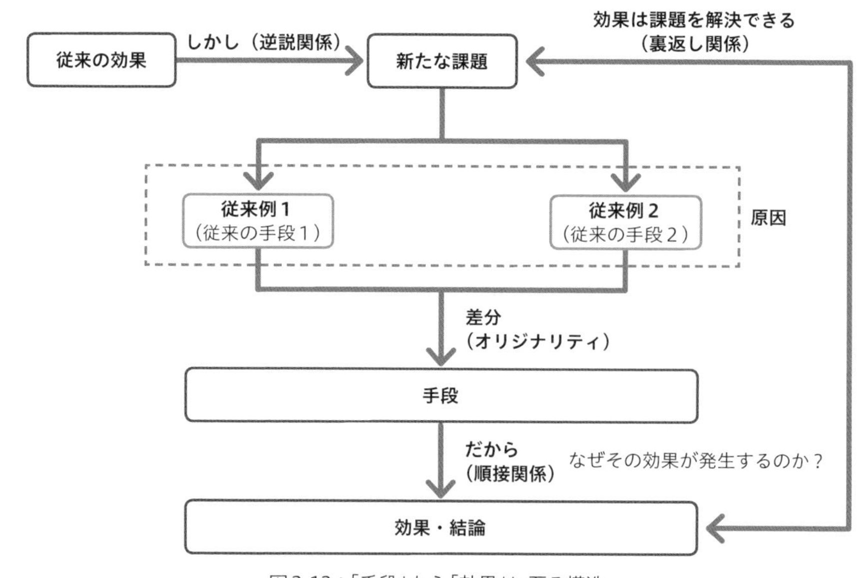

図2-12：「手段」から「効果」に至る構造

研究開発の過程では結論が課題解決に繋がるとは限らない

先に「原則として」裏返しの関係にあると説明したのは、研究開発の過程では、必ずしも結論が課題解決に繋がるとは限らないからです――むしろ、うまく解決できない場合の方が多いはずなので、試行錯誤の過程であれば、この「裏返し関係」は4つの関係のなかで最も緩くて構いません。

例えば、「こういう課題があって、このような手段を試し、この手段がこのように作用してこういう効果が出ることを期待したが、その効果は得られなかった。その原因は～と考えられる」という内容は、課題と効果が裏返しの関係を満たしていませんが、次のチャレンジに繋がる立派な結果になっています。

あるいは「当初に目論んだ効果までは出なかったが、今回はここまで効果が出た」でも、中間報告としては十分に結論になります。前述したカレーの例を思い出してください。最終的に「コクを増す」ために、まずは「辛さを増す」という中間結果を得たと理解できるなら問題ありません。

要するに、当初掲げた課題に対してアプローチを検討し、その結果として新たに情報を得たなら、研究開発の過程としては立派な「進捗」(＝新たな発見）ですので、自信を持って報告できる価値ある情報になるということです（もちろん、最終報告の段階では、適切に「解決できる」と裏返しの関係を満たす必要があります)。

2-7 さらに改善してみよう
—— 黄金フォーマットを意識した説得力のある技術資料

先の「楕円軌道に沿って周回するアイコン選択インターフェース」の改善例を詳細化し、より論理的で説得力のある技術資料に落とし込んだ場合の例を紹介します。

楕円軌道に沿って周回するアイコン選択インターフェース

2007年にiPhoneが発売されて以来、世界的にスマートフォンが爆発的に普及している。その結果、AppStoreやAndroidマーケットなどのプラットフォームを介して、多数のスマホ用アプリケーションがリリースされている。

ユーザがスマートフォンにインストールしたアプリケーションの数が多いほど、ホーム画面に表示されるアイコンの数が多くなり、目的のアイコンを探し当てる作業が煩わしくなる。そこで、目的のアイコンを素早く発見するために、例えば「アプリに共通する機能を分類して、アイコン群を構成する」というアプローチ（従来例1）や、「アプリ名を入力して検索する」というアプローチ（従来例2）が過去に検討されてきた。

しかし、こうした従来のアプローチでは、アイコンの数がさらに多くなった場合に、ユーザが目的のアイコンを効率よく特定できない場合が生じる。

例えば、従来例1では、アイコン群の数も増えるため、ユーザは並べられたアイコン群を漫然と眺めることしかできず、アイコン群を探し出す集中力を維持することが困難になる。また、従来例2では、アプリ名をテキスト入力することが面倒であったり、そもそもユーザが目的のアプリ名を記憶していない場合があったりする。そのため、いずれの従来アプローチも、煩わしさを軽減する方法として不十分である。

> そこで、今回考案したインターフェースは、ユーザによるスライド操作と連動するように、アイコン群を楕円軌道に沿って周回させる。すなわち、このインターフェースは、ユーザにアプリ名を入力させず、視覚的なエンターテイメント性の高いビジュアルと操作感をユーザに提供する。
>
> だから、このインターフェースは、「視覚的なエンターテイメント性の高いビジュアルと操作感」により、「集中力の維持が困難」という従来例1で生じる課題を解決できる。また、ユーザにアプリ名を入力させることがないため、従来例2で生じる課題も解決できる。
>
> したがって、このインターフェースは、従来例1・2で生じる課題を両方とも解決できるため、ユーザは目的のアイコン群を効率よく特定できる。そのため、ユーザの煩わしさを軽減でき、その結果、ユーザはアイコンを探し当てる作業が楽になる。

一読してどういう印象を抱いたでしょうか。詳細化された分だけ文章の分量が増えたものの、各ボックスはピラミッド形式の構造で記載されており、ボックス間の関係性も適切に維持されています。このため、全体としてはすっきり疑問なく読み通せたのではないでしょうか。

これを黄金フォーマットで視覚化すると、図2-13のようになります。

先の改善例と同様に、上段2つのボックスの記載が充実し、全体としてバランスがとれていることが一目で分かります。これが、読み手が抱く「なぜ？」という疑問を解消し、思考がすっきりと整理された真のテクニカルライティングです。

研究開発の過程で、ここまで万全のライティングを実現することは困難でしょうが、これを意識しているのといないのとでは大きな差が生じ、課題解決に向かう精度が格段に向上して具体的な成果に繋がり

背景・前提

- 2007年にiPhoneが発売されて以来、世界的にスマートフォンが爆発的に普及している。その結果、AppStoreやAndroidマーケットなどのプラットフォームを介して、多数のスマホ用アプリケーションがリリースされている。
- ユーザがスマートフォンにインストールしたアプリケーションの数が多いほど、ホーム画面に表示されるアイコンの数が多くなり、目的のアイコンを探し当てる作業が煩わしくなる。
- そこで、目的のアイコンを素早く発見するために、例えば「アプリに共通する機能を分類して、アイコン群を構成する」というアプローチ（従来例1）や、「アプリ名を入力して検索する」というアプローチ（従来例2）が過去に検討されてきた。

しかし

課題

- しかし、こうした従来のアプローチでは、アイコンの数がさらに多くなった場合に、ユーザが目的のアイコンを効率よく特定できない場合が生じる。
- 例えば、上記の従来例1では、アイコン群の数も増えるため、ユーザは並べられたアイコン群を漫然と眺めることしかできず、アイコン群を探し出す集中力を維持することが困難になる。
- また、上記の従来例2では、アプリ名をテキスト入力することが面倒であったり、そもそもユーザが所望のアプリ名を記憶していない場合があったりする。そのため、いずれの従来アプローチも、煩わしさを軽減する方法として不十分である。

差分

裏返し

手段・アプローチ

- そこで、今回考案したインターフェースは、ユーザによるスライド操作と連動するように、アイコン群を楕円軌道に沿って周回させる。
- すなわち、このインターフェースは、ユーザにアプリ名を入力させず、視覚的なエンターテイメント性の高いビジュアルと操作感をユーザに提供する。

だから

効果・結論

- だから、このインターフェースによれば、「視覚的なエンターテイメント性の高いビジュアルと操作感」により、「集中力の維持が困難」という従来例1で生じる課題を解決できる。
- また、ユーザにアプリ名を入力させることがないため、従来例2で生じる課題も解決できる。
- したがって、このインターフェースは、従来例1・2で生じる課題を両方とも解決できるため、ユーザは目的のアイコン群を効率よく特定できる。
- そのため、ユーザの煩わしさを軽減でき、その結果、ユーザはアイコンを探し当てる作業が楽になる。

図2-13：さらなる改善例を黄金フォーマットに当てはめた結果

やすくなります。

「はじめに」で紹介した優秀なエンジニアがそうであったように、卓越した成果を出し続けるエンジニア・研究者は、前章で延々と説明した相対化・言語化のプロセスを常に繰り返しており、それが研究開発の実務能力を強力に下支えしています。

そして、経験の浅い若手のエンジニア・研究者であっても、**黄金フォーマットにのっとったテクニカルライティングを心がければ、複雑なプロセスを特別意識することなく、自然とその基盤を鍛えられる**のです。

さて、ここまでの説明を要約すると、次のとおりです。

- 現状（背景）と直近の課題を逆説関係で繋いで言語化する
- 従来との差分のみを抽出してオリジナリティを明確化する
- そのオリジナリティと効果を順接関係で繋いで、課題との裏返し関係でそれが解決できる（またはできない）ことを確認する

これらを徹底できれば、少なくとも議論が混迷したり、研究の進捗が迷走したりする事態に陥ることは、まず無くなるでしょう。

次に、黄金フォーマットを用いて文章化した内容を、目的に応じて再構成する方法を説明します。

2-8 2種類の構成パターン
―― 黄金フォーマットを現実化する資料の流れ

フォーマットにのっとって自身の取り組みを言語化した後、目的に応じてそれを再構成する必要があります。構成のパターンは、次の2種類です。

- 報告・相談型（ストーリー重視）
- 提案型（結論重視）

ストーリー重視の「報告・相談型」

1つめの構成は、研究開発の過程をそのままストーリー化し、報告・相談をしやすくする構成です。この構成は、図2-14に示すとおり、4つのボックスを紙芝居のように直列に繋ぐだけです。

要するに、言語化した流れを前から順番に説明する構成であり、聞き手にある程度の予備知識がある「進捗報告」（第3章）や「論文・技

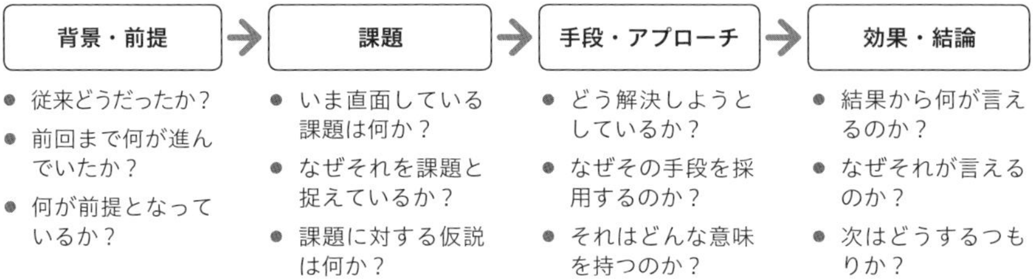

背景・前提	課題	手段・アプローチ	効果・結論
● 従来どうだったか？ ● 前回まで何が進んでいたか？ ● 何が前提となっているか？	● いま直面している課題は何か？ ● なぜそれを課題と捉えているか？ ● 課題に対する仮説は何か？	● どう解決しようとしているか？ ● なぜその手段を採用するのか？ ● それはどんな意味を持つのか？	● 結果から何が言えるのか？ ● なぜそれが言えるのか？ ● 次はどうするつもりか？

図2-14：報告・相談型の構成パターン

術報告」(第6章) などに向いている構成です。背景の前に、全体の要約をまとめたエグゼクティブ・サマリー (論文の場合は内容梗概) を入れてもよいでしょう。フォーマットに含まれる各関係を適切に満たしていれば、冒頭からテンポよく流れるように取り組みのストーリーが展開されるため、全体的にコンパクトにまとめられた文書に仕上げやすいという利点があります。

優れた成果の報告はすばらしいストーリーに映るので、優秀なエンジニア・研究者には最初から完成されたストーリーが見えていたのだと多くの人は誤解します。もちろん、大きな課題に対する非凡な構想力はあったかもしれません。しかし、実際のところは、黄金フォーマットのような立体的な関係性を意識しながら相対化・言語化を繰り返し、試行錯誤を経て完成した最後の内容を順番に繋いだらストーリーができていたというのがほとんどだろうと思います。

結論重視の「提案型」

それに対して、提案型では、最初に効果を提示し「いつまでに、こういうことが実現できる」と主張します。これにより、聞き手はその結論に着地する根拠について詳細な説明を受ける準備が整うので、そ

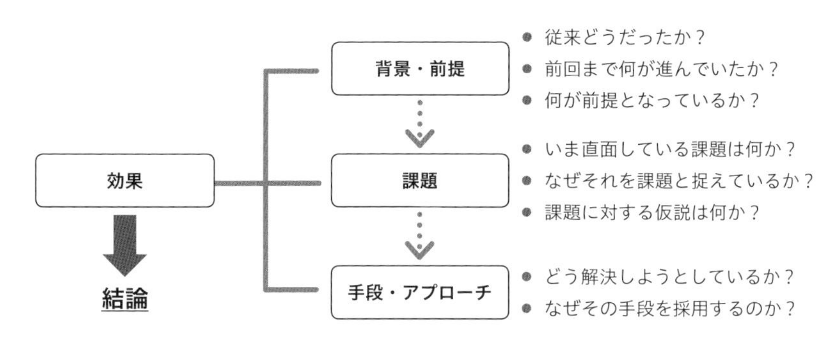

図2-15：提案型の構成パターン

の後の背景から手段の妥当性を検証しようとする姿勢が生まれます。

この構成は、図2-15のように、背景・課題・手段が効果・結論を支える根拠として提示されるため、未来の目的達成に向けたリソースの割り当て（予算の確保など）を訴えて責任者の判断を促す「企画書」（第5章）や、技術の新しさを求める立場にある人（事業・管理側の関係者）に対する「プレゼンテーション資料」（第4章）などの構成に向いています。

先に述べたように、相手が持っている予備知識が少ないほど、「いまから何を伝えようとしているか」という結論を最初に提示する重要性が増します。そういう意味においても、非技術系の人々にアピールするための企画書やプレゼン資料に適した構成と言えます。

2-9 テクニカルライティングのチェックポイント

ここまで、黄金フォーマットにのっとったテクニカルライティングの基本を、実例付きで解説してきました。最後に、相対化・言語化した内容が本当に適切か否かを判断するポイントをまとめます。

1 従来技術（基礎）の把握は正しいか？

- 従来技術で何がどこまで達成されているかを徹底して理解できているか？

2 その課題が従来技術では解決できない原因に説得力はあるか？

- 従来技術が奏する効果を持ってしても解決できない課題が残る理由が明確か？＝逆説関係が強固か？

3 基礎との差分「のみ」が抽出できているか？

- 課題が生じる原因に対する仮説に沿ったアプローチがオリジナリティとして正しく特定できているか？

4 課題と結論が裏返しの関係を満たしているか？

- 当初掲げた課題に対して何がどこまで進捗したかのインパクトが明確に言語化できているか？

5 その結論が導ける理由に説得力はあるか？

- その結論に至ることができるという根拠が明確に示されているか？＝順接関係が強固か？

6 目的に応じた構成を選択できているか？

- ストーリー重視、結論重視の選択を誤っていないか？

繰り返しますが、この6つのチェックポイントをすべてクリアするためには、高いレベルで思考を整理する必要があります。少しでも「なんとなく」が入り込むと、途端に言語化が甘くなり、いずれかのチェックポイントをクリアできません。「なんとなく」という主観を言葉にするトレーニングを経て、自分がいま何をどのように課題と捉えて、その原因に対してどのような仮説を立て、それにどのようなオリジナリティでアプローチし、どのような成果を生み出そうとしているのか――これをエンジニア・研究者に求められる「コミュニケーション能力」で明確にし、PDCAを意識した思考の基盤を確立すれば、研究開発は必ずうまくいきます。

そして、チームで研究開発を進めている場合、各メンバーがこれを意識して取り組めるように組織的な設計がなされていれば、1＋1が10にも20にも増幅し、チームとしてPDCAが回り、全体として大きな成果を出せるようになるでしょう。

さて、ここまでは「テクニカルライティング」という切り口から、自分がいまどのような情報に基づいて何を考えているかを自分自身にうまく伝え、研究開発を円滑に進める枠組みについて説明してきました。

次章からは、テクニカルライティングによって整理された思考を、他人にうまく伝える方法を主に説明していきます。具体的には、「進捗報告書」「技術プレゼンテーション」「企画書」「論文・技術報告」について、実例をあげながらそれぞれの要点を説明します。

第3章

評価に繋がる「進捗報告書」

基本を忠実に実践して
信用と実績を積み上げよう

3-1 すべての基本が詰まった進捗報告書

「要約」という高度な能力が求められる

この章では、「進捗報告書」（週報）においてテクニカルライティングを実践するシーンを想定し、その取り組み方を具体的に説明します。報告を受ける側が報告してほしいと考えている内容を理解し、それを伝わりやすく端的に要約するというコミュニケーション能力の本質を最も如実に示す形式が、「報告書」だからです。

組織の文化・体制に依存するものの、成功している組織には、たいてい何らかの「帳票」が存在します。この用語は概念が広く、Wikipediaで調べると様々な種類の帳票が説明されていますが、要するに、現場の情報を上に伝え、正確な上意下達を可能にする神経系統の役割を果たす「報告・共有ツール」です。例えば、企業で担当者が上司に提出する「週次の進捗報告書（週報）」などがこれに該当し、エンジニア・研究者であれば、研究開発の進捗に関する報告書を書くことは少なくないでしょう。

研究開発を統括する管理職（特に、現場をまとめる課長クラス）は、各担当者に「PDCAを回させる（＝研究開発を進捗させる）」という責任を負っているので、彼／彼女らが部下から得たい情報は「チームでPDCAが適切に回っているかどうか」という一点に尽きます。そのため、実際に研究開発を推進する現場の担当者は、直属の上司に対して、次のいずれかのメッセージを進捗報告書で明らかにしなければなりません。

（1）　問題なくPDCAが回っている（当初の計画どおりに進捗している）

（2）　PDCAが回っていない（何らかの原因で遅延している）

黄金フォーマットで理想的な報告を実現する

「（1）問題なくPDCAが回っている」という場合、上司は「本当にPDCAが回っているか」を検証するために、その根拠を求めます。ところが、多くの部下を抱える管理職は、週次で報告を受けていても各担当者の取り組みを詳細に記憶しているわけではありません。そのため、今回取り組んだ内容だけ（PDCAの「D」のみ）を説明されても、「そもそもなぜこれに取り組むことになったのか」（前回の報告との関係は何か）という経緯を知りたがるでしょう。そのため、担当者は前回報告した内容の概略から説明し、今回の進捗を報告することが理想です。

しかし、管理職は多忙ですので、冗長で要領を得ない報告を嫌います。さらりと一読して「問題ない」または「フォローが必要だ」と判断できる質の高い要約が求められるのです。そのため、相手が知りたいと考えている内容を適切に推測し、先回りして疑問を解消する根拠を用意し、しかもそれをコンパクトかつ正確な要約として伝える必要があるのですが……これには相当高い能力が要求されます。若手が一朝一夕に習得することは難しいでしょう。

そこで、報告・相談型（ストーリー重視）の黄金フォーマットを利用します。これを利用するだけで、上司を納得させる優れた要約をまとめるスキルが確実に向上します。それは、PDCAと黄金フォーマットとが、図3-1のような関係を満たしているからです。

背景を理解して課題を認識し（P）、それに対するアプローチを把握したうえで（D）、結論と次アクションを確認する（CA）という一連の流れが、隣接するボックスの関係で支えられ、一読するだけで全体が自然と腑に落ちる――これが、理想的な報告書です。

うまく要約された報告書を読んで、上司は次のように考えます。

- そういえば彼／彼女は前回の報告時に、次はこういうトライをしてみると報告していたな。実際にトライしてみた結果……なるほど、今回はこういう課題に直面したわけか。
- その課題に対して……うん、確かに妥当なアプローチを試している。このアプローチで何がどれだけ進捗したのだろうか？
- なるほど、今回の課題に対しては、ここまで明らかになったのか。これが明らかになった理由は……確かに、こう推測するのが妥当だな。ということは、これを検証するために、次はこういう進め方をするつ

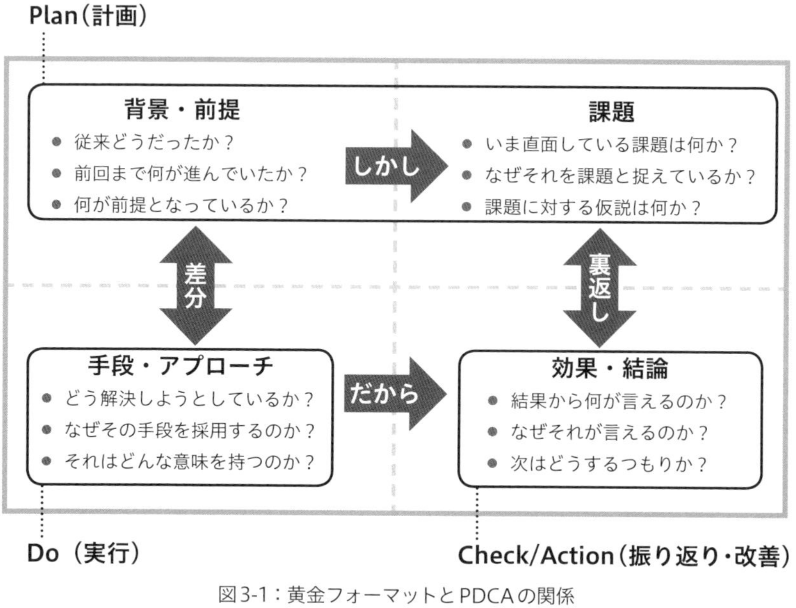

Plan（計画）

背景・前提
- 従来どうだったか？
- 前回まで何が進んでいたか？
- 何が前提となっているか？

しかし

課題
- いま直面している課題は何か？
- なぜそれを課題と捉えているか？
- 課題に対する仮説は何か？

差分

裏返し

手段・アプローチ
- どう解決しようとしているか？
- なぜその手段を採用するのか？
- それはどんな意味を持つのか？

だから

効果・結論
- 結果から何が言えるのか？
- なぜそれが言えるのか？
- 次はどうするつもりか？

Do（実行）

Check/Action（振り返り・改善）

図3-1：黄金フォーマットとPDCAの関係

もりか。これがうまくいけば、期限どおりにそれなりの結果を出せそうだな……OK！これなら問題ないからこのまま任せて大丈夫そうだ。

これなら上司は安心し、担当者は上司から余計な介入を受けることなく、自分のペースで仕事を進められるでしょう。

一方、「(2) PDCAが回っていない」といった場合、「早めに上司にヘルプを出す」という意味で、(1) の場合よりも慎重に内容を練って報告する必要があります。

この場合、上司は次のように考えます。

- そういえば彼／彼女は前回の報告時に、次はこういうトライをしてみると報告していたな。実際にトライしてみた結果……なるほど、こういう課題に直面したわけか。
- その課題に対して……あれ？おかしいな、彼／彼女はこういう理由でこのアプローチに今回トライし、その理由も一理あるように感じるが……他にもっと良いアプローチがあるはずだ……結局、これで何がどれだけ進捗したのだろうか？
- なるほど、案の定うまくいかなかったのか。うまくいかなかった原因の分析については……うむむ、おそらくそうではない。相当疑問の余地が残る。これはもう少し詳細を直接ヒアリングしたうえで、先輩社員にフォローさせた方がいいだろう。

これなら、上司は早めにPDCAを阻害する要因があることに気づき、それに対処できます。結果として、担当者は余計な迷走を避けることができ、適切に軌道修正を行ったうえで、再度適切なPDCAに乗せられるようになるでしょう。

ダメな報告書が生み出す悲劇

ところが、報告書が「技術資料っぽいエッセイ」になってしまうと、上司は「そもそもPDCAが回っているのかいないのか」「回っていないとすれば何が原因か」を特定できず、結局担当者を自席に呼び出して、そもそもの部分から確認せざるを得ません。両者は貴重な時間を浪費することになりますし、上司は「なぜうまく報告できないのか」、担当者は「なぜ理解してもらえないのか」という落胆・憤慨が残るだけです。これは担当者のコミュニケーション能力の不足が生む悲劇と言えます。

いま、上司は部下に対して、PDCAの当否を確認・検証できる「コンパクトかつ正確な要約」を求めています。それに部下が応えられない場合、それは「品質」を失い、「能力を疑われる」ことに繋がります。そして、上司が部下を呼び出して自席で詳細を問いただし、報告書を再度作り直すように指示すると、今度はやり直しをするための「時間」や、再作成を指示された上司に対する「好感情」を失うことになります。さらに、再度報告書ができたとしても、相変わらず望んだレベルに達していなければやはり「品質」を失い、最終的には「信用」を失うことになります。

これが繰り返されれば、結果責任を負っている上司は、「彼／彼女は育成に時間がかかる（あるいは使えない）ので、しばらく重要な仕事を任せられない」と判断せざるを得ません。どれほど実務能力が高くても、それを適切に伝えられなければ、その実務能力を発揮するチャンスすら与えられなくなってしまうのです。つまり、コミュニケーションミスで私たちが失うものは、「時間」や「好感情」だけではありません。同時に上司から「品質・能力」を疑われ、最終的には「信用」というビジネスパーソンとして最も重要な資産を失います。

フォーマットにのっとって相対化・言語化を厳密に行い、だいたい300～400文字以内くらいの要約（読んで理解するのに2～3分程度で済む分量）で、過不足なくまとめる――こうした地道な積み重ねが信用と自分の成長に繋がるため、適切な言語化による報告を侮ると痛い目を見ることになります。

それでは、「技術資料っぽいエッセイ」のダメ報告書（Before）と、黄金フォーマットにのっとった理想的な報告書（After）について、具体例に基づいて順に解説します。

3-2 Before/After
―― 自然言語処理の研究に関する週次報告書

ここでは、自然言語で記載された大量の文書を自動的に分類することを目的として研究開発を進めている例をあげます（なお、この具体例は、第4章・第5章でも利用します）。

この目的に対しては、「言い換え」や「表記揺れ」への具体的な対処が課題になる場合があります。例えば、「打ち合わせ」「会議」「ミーティング」「MTG」などは、いずれも単なる言い換えであり、意味としては同じです。もちろん、「打合わせ」（送り仮名が異なる）などの表現も、単なる表記揺れの問題として同様です。これらは「同義語」と呼ばれます。そのため「先日の打ち合わせで出された議題について……」というセンテンスを含む文書と、「前回の会議でトピックに上がった件ですが……」という文章とは、「話し合いの内容」に言及している文章として同じカテゴリーに属すると考えられます。しかし、個々に使われる文字列としては異なるため、従来の手法に基づく分析・分類のアプローチでは、これらを同じカテゴリーに属するものとして正確に分類することが難しい場合があります。

また、分類の基準によって意味が類似する単語もあります。例えば、大量のニュース記事からスポーツ関連の記事を分類したい場合、「野球」「サッカー」「相撲」「ゴルフ」などは「スポーツ」という基準で類似します。これらは「類義語」と呼ばれ、やはり従来のアプローチでは分類が難しい場合があります。

この課題を解決するために、「意味」という抽象化された概念に基づいて、類似の文書を同じカテゴリーに分類することを目的とした研究が、自然言語処理の分野にあります。

ここでは、そのアプローチについて研究開発を進めている担当者が、上司にその進捗を報告する報告書を例にあげます。

Before ―― ダメな進捗報告書

まずは、ダメな進捗報告書の例をあげましょう。自分が結果責任を負う上司の立場になったとして次の報告を受け取ったとき、どのような心証を抱くかを想像しながら読んでみてください。

2018年8月24日週報

今週は、Word2Vecを用いた類義語抽出のパフォーマンスを検証した。この学習モデルは、高次元空間でスパースに広がる多様な形態素の出現頻度の分布を、低次元空間における表現との誤差を最小化するように分布を逐次的に最適化するものであり、今回与えられたデータでどこまでパフォーマンスを発揮できるかを慎重に評価した。具体的には、Wikipediaなどの公開文書を使用してモデルを学習させ、学習済みモデルを用いて対象となるコーパス（テキストのデータセット）に適用した場合の汎化性能を評価した。

その結果、コーパスAに対するパフォーマンスはこれまでの取り組みの結果と比較してある程度改善したものの、コーパスBに対するパフォーマンスはあまり改善しなかった。次回は別のコーパスC・Dに対して評価を迅速に進める予定である（335文字）。

なぜこの進捗報告書がダメなのか?

この進捗報告書の欠点を端的に表現すると、「説明が技術的な各論に偏っており、前回との関係やうまくいかなかった場合の原因・仮説を把握できず、上司として判断すべき情報が提供できていない」という点に尽きます。言い換えれば、全体として「前回うまくいかなかったので、今回はこうしてみたらこうなりました」というアドホックな「とりあえず感」しか印象に残らず、判断のしようがないのです。

繰り返しますが、報告を受ける側（上司）が得たい情報は、「PDCAが適切に回っているかどうか」です。この情報に基づいて、最終的には「このまま任せて大丈夫」か「フォローが必要」かを判断しますので、担当者が報告書で打ち出すメッセージは、「大丈夫です」か「うまく進んでいません」かのいずれか、あるいは「この部分については大丈夫ですが、別の部分についてはうまく進んでいません」という両方になります。

この原則を意識することなく、自分が取り組んだ技術的な詳細のみを延々と掘り下げて説明しても（なまじっか腕に覚えのあるエンジニアに見られる傾向です）、上司を困惑させるだけで何の実益もありません。

この報告書を黄金フォーマットに当てはめてみると、図3-2のように

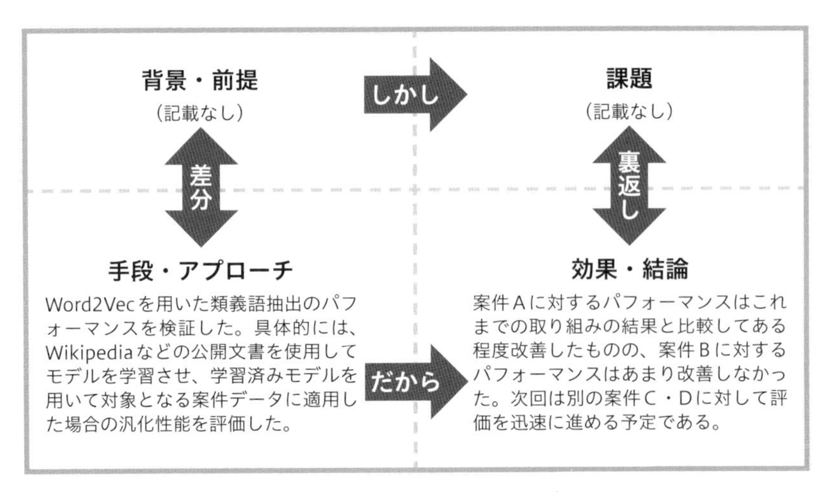

図3-2：ダメな進捗報告書を黄金フォーマットに当てはめると……

なります。

第2章で紹介したダメな例その1・2と同じように、内容をフォーマットに沿って図示すれば、それが偏っていることが一目瞭然です。

上司が部下からこの報告書を受け取ると、次のような疑問を持つでしょう。

- 前回どのようなアプローチを試し、何がどこまで進捗し、何が課題として残された結果として今回の報告に至ったのか？（前回報告との関係は何か？）
- 「Word2Vec」と呼ばれる学習モデルがその課題を解決するために、彼／彼女がそれを有効と判断した理由（仮説）は何か？
- 「ある程度改善した」「あまり改善しなかった」とは、定量的にどの程度か？
- コーパスAに対するパフォーマンスが改善し、コーパスBに対するパフォーマンスが改善しなかった理由をどう考えているのか？
- 次にコーパスC・Dに対する評価を進める理由は何か？（どのような仮説を検証しようとしているのか？）

上司は、因果の不明瞭な部分は妥協せず、「なぜ？」を徹底して言語化を促さなければ、部下にPDCAを回させることができません。この報告書には「これはうまくいっていると言えるのか、そうでないのか」を判断する根拠となる「なぜ？」に対する回答が見当たらないので、上司は部下に上記のような説明を求めるでしょう。

もちろん、詳細を直接聞けば内容を理解できます。しかし、部下がフォーマットにのっとった位置づけ・言語化を意識できていなければ、報告書から判断の根拠を見いだせず、次回も似たような報告書を提出する可能性が高いと予想します。毎回これでは上司もたまったものではありませんので、エンジニア・研究者としてどれほど能力が高くとも、あなたの評価は上がりません。

また、この報告書には、報告すべきことが適切に含まれていない一方で、報告しなくてもよい無駄な内容が含まれています。それは「Word2Vec」に関する解説です。この場合、Word2Vecが具体的にどのようなものであるかを報告書で説明する必要はありません。上司がそれを知らなかったとしても、判断に影響がないことが明らかであれば知る必要はないからです。

IT業界は技術トレンドの変化が特に激しい分野ですから、上司より若い部下の方が最新の技術に詳しいことが多いでしょう。上司としては全体の論旨がきちんと通っており、うまくいきそうだと判断できるなら技術的なアプローチの選択は部下に任せる方が捗ります。

そのため、ダメ報告書の例にある「この学習モデルは……を逐次的に最適化するものであり」という詳細な解説は蛇足です。実際、先の黄金フォーマットの図に、この解説は入っていません。報告書の場合、どこのボックスにも入れようがないからです。

再度強調しますが、資料を作成するということは、自身の思考の過程を他人が納得できるように説明するということです。進捗報告書の場合、「納得できるように」するとは、上司が「判断できるように」するということです。そのためには、「このまま任せてよい」と判断できる理由、または「フォローが必要である」と判断できる理由を、論理的に説明する必要があります。

After
—— 優れた進捗報告書

では、優れた進捗報告書とはどのような報告書でしょうか。下記のように、黄金フォーマットを意識するだけで改善できることが分かります。

2018年8月24日週報

前回はTF-iDFを用いて重要と判断できる形態素をオントロジー辞書で上位概念化し、共通する概念に応じて文書の分類を試みたが、概念の抽象度が一意に定まらないことが多いため、分類精度が不十分だった。

そこで、今回はWord2Vecを用いて文書ベクトルから特徴ベクトルを構成し、この特徴ベクトルを分類することを試みた。特徴ベクトルでは同義語・類義語が同じ次元で表現されるため、表記揺れなどの些末な差異が除去され、分類精度が上がると予想したからである。

その結果、コーパスAの分類精度は7%向上したが、コーパスBでは0.4%しか向上しなかった。これは、コーパスAのデータが口語体の文書が過半を占め、差異が分類精度に影響する度合いが大きいのに対して、コーパスBのデータはそうでないためと考えられる。コーパスAにコーパスとしての性質が類似するコーパスCと、Bに類似するDとに同じアプローチを適用し、この仮説を検証した結果を次回報告する（389文字）。

ダメな進捗報告書との違いは何か？

この技術分野に関する専門知識がない人が読んでも、報告書の全体から「現時点では問題なく進捗している」というメッセージに説得力を感じたのではないでしょうか。それは、部下が前回うまくいかなかった事実を踏まえ、自身で考えた根拠をもって新しいアプローチを試し、その結果を解釈したうえでその正否を検証するという方針が、論理的に妥当であると明確に読み取れるからです。この報告書を黄金フォーマットに当てはめてみると、図3-3のようになります。

研究開発の途上にある週報ですので、フォーマットの各関係性は厳密には満たされていません（特に、裏返しの関係が緩い）。また、定期的な進捗報告ですので、前回の内容は共有されているという前提のもと「背景・課題」の記載は淡泊です。

しかし、先のダメ報告書で生まれた疑問——前回報告との関係、Word2Vecを採用した理由、具体的な改善の程度、コーパスA・Bで分類精度に差異が出た理由、コーパスC・Dで検証しようとする理由——はすべて解消されているため、上司に最新の専門知識が欠けていたと

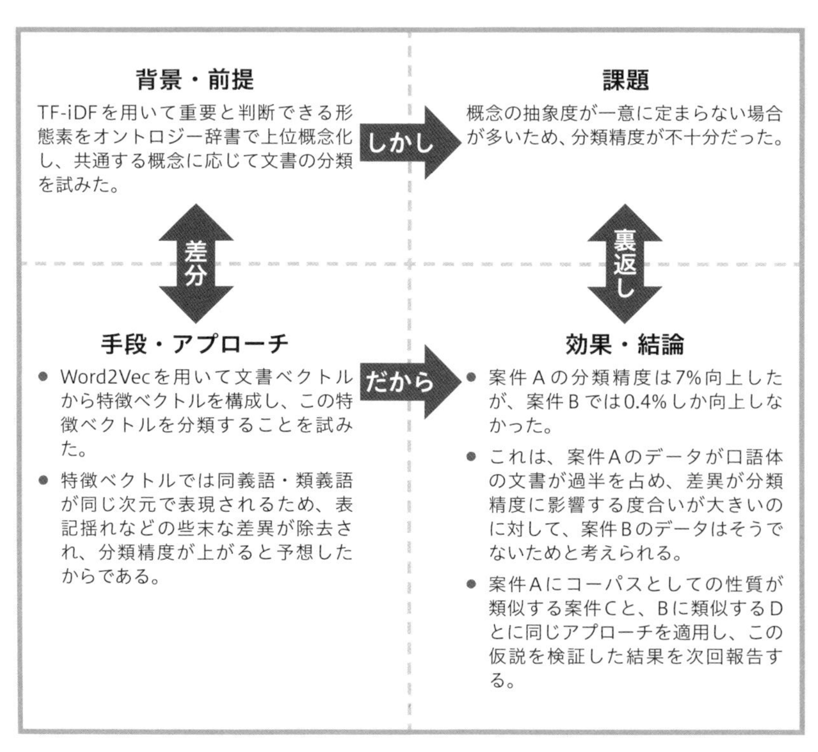

図3-3：優れた進捗報告書を黄金フォーマットに当てはめた結果

しても、「このまま任せて大丈夫そうだ」という判断ができるでしょう。

逆に、「背景・課題」「手段」が同じ内容のまま、結論に「コーパスA・Bのいずれの分類精度も向上しなかった。そして、それに対する原因は現在調査中であるが、現時点では有力な仮説を得られていない」と記載されていれば、上司は「フォローする必要がある」と判断し、例えば、次のような先手のアクションを取ることができます。

- 自分の上司や関係する他の管理職に、現在の状況、進捗が当初の予定より遅延するおそれがあること、それをリカバリーするための対応策などを共有し、全体の調整を図る
- 担当者の先輩社員に詳細を聞き出して原因・対応策を議論することを指示し、その結果を報告する場を設けるように求める
- 共同研究先の専門家に相談するための議題に上げ、それに向けてより詳細な資料の作成を担当者に指示する

このように、PDCAの過程で「P」と「C」と乖離した場合に、すぐさま「A」を実行に移す体制があるということが、組織としてPDCAを回すことの本質です。そして、これを可能にするのは、各担当者が現場の状況を正しく上に伝えることであり、この基礎にあるのがテクニカルライティングの作法なのです。

毎回適切に報告できれば、上司を安心させて自分の思いどおりに研究開発を進めることができ、困った場合にはすぐフォローを入れてもらえます。つまり、「上司をうまく使う」ことができるようになり、結果として研究開発の成果が出やすくなります。エンジニア・研究者として果たすべきミッション「報告」を最初に行うべき相手は、実は自分自身と直属の上司なのです。

3-3 報告書教育が組織を強くする

適切な帳票（報告書の形式）が存在しない企業では、組織としてPDCAを回す文化を醸成できていないため、「組織全体としてコミュニケーション能力が低い」と言えます。

具体的には、背景・課題の認識（P）がないまま、「とりあえずやってみよう」というアドホックなアクションのみが先行し（D）、うまくいかなければ反省も改善もなされず（CA）、現場の状況を無視した見当外れな施策を乱発する傾向があるように思います。

このように「D！D！D！D！」で押し切ろうとする企業は、業界全体が成長段階にある間はその波に乗って成長を遂げることもあるでしょう。しかし、いったん停滞すると経営効率がガタ落ちし、「必死で足を動かしているのに前に進めない（業績が上がらない）」という状況に陥ります。

また、組織としてPDCAを回す機能が弱い企業では、長時間の会議がやたらと多い傾向もあります。特に、進捗を報告する類似の会議が週に何回もあり、現場の担当者に別の会議で同じ内容を何回も話させる場合があります。

これは、会議以外に現場の情報を吸い上げる方法を持たないからです。企業が利益を上げられるのは、クライアントとの接点を持つ現場が価値を提供するからなので、無駄な会議で現場の稼働率を落とせば当然利益も下がります。これも経営効率を落とす要因になります。

そのため、責任者はエンジニア・研究者に余計な負担をかけることなくPDCAが回っているかを確認するために、正しい報告書を書けるように部下を教育する方がよいでしょう。短期的なコストは高いですが、長期的には本人にとっても組織にとっても利益は十分大きいと思います。

身体感覚を言語化したイチロー

週報のような言語化が重要となるのは、科学技術・研究開発の分野に限りません。例えば、スポーツの分野でも同じことが言えます。実際、イチロー選手は「自分がなぜ打てたかをすべて自分の言葉で説明できる」と述べています。彼は「身体感覚」というアートな主観的感覚を、すべて言語に置き換えるところまで「どうすればよりうまく打てるか」をサイエンスとして考え抜いたからこそ、メジャーリーグで前人未踏の記録を打ち立てるまでに至ったのです。

おそらく、イチロー選手は「このような状況で、このように身体を動かしたから、打てた／打てなかった」「以前は同じ状況でこうしたから打てなかったけれど、今回はこう改善したから打てた」など、状況・行動・結果を含めたすべての因果を緻密に言語化し、「生の体験」を自分の中に体系化することによって、ひたすらPDCAを回して改善を積み上げたのでしょう。もしかしたら、少年野球時代から「野球日記」として、自分自身に日報を提出していたかもしれません（あくまで推測です）。

エンジニア・研究者も、研究開発の現場で同じようにPDCAを回せばよいのです。ただし、先に説明したとおり、エンジニア・研究者の場合は「業界全体の大きなPDCA回しに参加する」必要があります。そのためには、他人の成果を含めて相対化・言語化しなければならないことを、あらためて強調したいと思います。

納得してもらえる「技術プレゼン」

聞き手とその目的を理解して
効果的にアピールしよう

4-1 誰に、何のために、なぜプレゼンをするのか？

エンジニア・研究者であれば、自身の取り組みをプレゼンテーションする機会が少なくないでしょう。例えば、チーム内で議論するための検討会のように内輪で行うプレゼンから、他部門・社外の人を招いた成果発表会で行うプレゼンまで、さまざまな規模・種類の機会があるでしょう。

最近では、特にIT分野を中心として、エンジニアが社外のコミュニティで成果・知見を共有し、他のエンジニアと交流・情報交換する場が増えているので、「技術プレゼンテーション」が個人のブランディングや技術力向上のきっかけとなるチャンスが増していると言えます。そこで、この章ではテクニカルライティングによる文書作成を基礎にした技術プレゼンテーション用の資料作成の方法を説明します。

資料作成においては、スライドの作成に着手する前に、そのプレゼンテーションで伝えようとするメッセージを、黄金フォーマットにのっとった言語化をとおして明確にしていることが前提です。そのうえで、プレゼンの資料作成の場合はさらに考慮すべき事項が3つあります。

- 誰に対してプレゼンするのか？（WHO）
- そのプレゼンの目的は何か？（WHAT）
- その内容で目的を達成できると考える理由は何か？（WHY）

誰に対してプレゼンするのか?(WHO)

まず、プレゼンの聞き手(WHO)を最初に確認します。これには2つ理由があります。

- 資料作成の工数を見積もるため
- 聞き手によって理解してほしい内容が異なるため

●資料作成の工数を見積もる

例えば、単に社内で会議するためのプレゼン資料(WHO=社内の近しいメンバー)を作るのであれば、資料の見た目にこだわる必要はありません。テクニカルライティングによって正しく言語化された内容・構造が資料に反映されていることが重要であり、それさえできていれば、その体裁は「理解」や「目的の達成」に寄与しないためです。そのため、場合によってはPowerPointなど必要なく、簡単に手書きしたメモであっても構いません。

逆に、社外に出す資料や役員会議に提出する資料(WHO=顧客や重要な人物)を作るのであれば、見栄えや言葉遣いに注意を払うことも必要になります。

つまり、WHOが明らかにならなければ、資料作成に費やすべき工数が見積もれないのです。そして、工数に上限がなければ、自己満足するための「こだわり」が詰まった品質過剰な資料を作ってしまいます。これを「ゴールドプレーティング」(金メッキ)と呼びます。

たかが社内会議で使うだけのプレゼン資料をピカピカに磨き上げて無駄に工数を費やせば、間違いなく他の仕事に悪影響を及ぼします。特に、本来工数を割くべき「言語化」に集中できなければ本末転倒です。

これを避けるために、まずはWHOを明確にして資料作成に費やしてよい工数を見積もりましょう。

●聞き手によって理解してほしい内容は異なる

例えば、同業のエンジニア・研究者に向けたプレゼン資料を作るのであれば、黄金フォーマットの「手段」を重点的に説明する必要があります。聞き手は現状の技術的な課題を知っており、その課題を解決できるという結論（課題の裏返し）も予測していますから、その興味・関心は「どのように解決したか」（オリジナリティ）に集まるからです。そのため、聞き手の理解を確実に引き出すために、「結論」を最後方に配置する「報告・相談型」（ストーリー重視）の構成が好まれるでしょう（図4-1の（a））。

逆に、経営・事業サイドにいる人々に向けたプレゼン資料を作るのであれば、「結論」を強調することが重要です。聞き手の興味・関心は「その技術によって製品・サービスの付加価値がどれほど高まるか」（インパクト）に集まるからです。そのため、最初に成果をアピールする「提

(a) 技術サイドにいる人々に対するプレゼンの構成

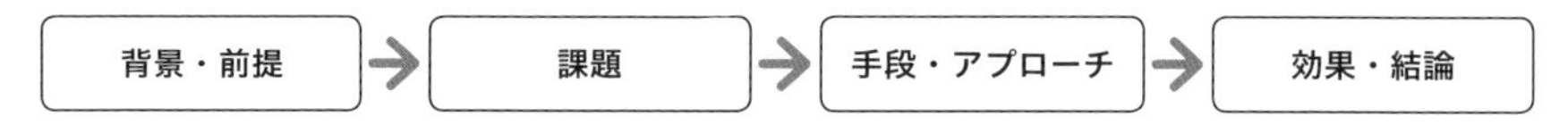

(b) 事業サイドにいる人々に対するプレゼンの構成

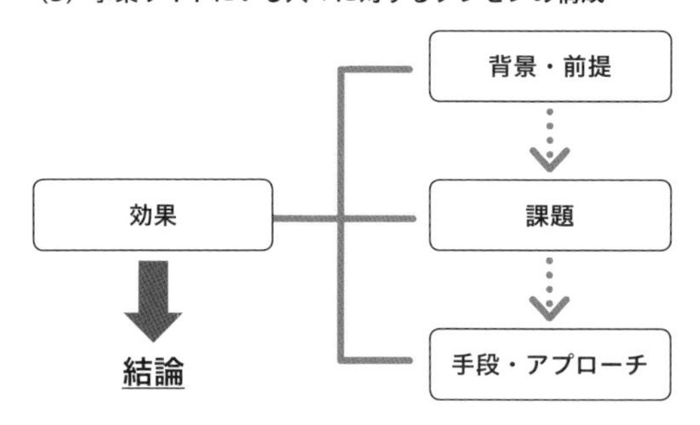

図4-1：聞き手によってプレゼンの構成は変わる

案型」（結論重視）の構成が効果的です（図4-1の（b））。

つまり、WHOが明らかにならなければ、聞き手の興味・期待が「手段」にあるのか「結論」にあるのかを確定できず、資料の構成も決まらないのです。これを誤解すると、ちぐはぐなプレゼンをして期待外れと言われてしまいます。これを避けるために、やはり最初にWHOを明確にして聞き手の興味・期待がいずれにあるかを確定させましょう。

そのプレゼンの目的は何か？（WHAT）

WHOを確認した後、「聞き手に何を期待するのか？」を次に確認します。つまり、「WHOにどうして欲しいのか（または、どうなって欲しいのか）」という目的（WHAT）を明確にし、プレゼン内容の大枠を固めます。

とはいえ、前述したとおり、技術プレゼンでは「自分の取り組みを正確に聞き手に伝え、その技術的な内容を理解してもらうこと」が目的達成の前段にあり、WHOを確定させた段階で、「手段」に軸足を置いた内容にするか、「結論」に軸足を置いた内容にするかという大枠もだいたい決まります。そのため、WHOさえ意識できていれば、WHATをそれほど意識しなくても、まったく見当外れなプレゼン資料にはならないでしょう。

ただし、プレゼンの目的が「情報を共有すること」にあるのか、「チームメンバーから課題解決のヒントを引き出すこと」にあるのか、「上司の意思決定を促すこと」にあるのか、あるいは「会社の上層部に研究開発部門の意義をアピールすること」にあるのか、さらには「株主に対して会社の技術的な取り組みとその業績への寄与を説明すること」

にあるのか――こうしたWHATに応じて、基本となる構成に調整を入れる必要があります。

例えば「情報共有」が目的であれば、「報告・相談型」の構成を基本にしつつ、資料の最初に報告の要旨を入れ、そこだけ読めば概要を理解できる構成が望まれます。そうすれば、プレゼンを聞けなかった関係者も、時間をかけずに資料に目を通し、必要に応じて後から詳細を読むことができるからです。

一方で、「上司の意思決定を促すこと」が目的であれば、同様に「報告・相談型」の構成を基本にしつつ、最後の結論の後で、例えば「このままAのアプローチで研究開発を進めるべきか、あるいはBという新しいアプローチを試すべきか」という判断を求める内容を追加しておくべきでしょう。

さらに、「株主への説明」が目的であれば(チャンスは少ないかもしれませんが、経営企画から叩き台となる資料の提出を求められるかもしれません)、結論重視の構成を突き詰めてコンセプトを1枚のスライドで説明する必要があります。

このように、WHO(聞き手)から導かれる基本の構成に対して、WHAT(目的)に応じた調整を入れる必要があるので、「そのプレゼンによって聞き手をどう変化させたいのか?」という視点を意識することが重要です。

その内容で目的を達成できると考える理由は何か?(WHY)

WHO/WHATの組み合わせが確定した時点で技術プレゼンの内容の

骨子は完成しています。仕上げに、その内容がそのWHO（聞き手）とWHAT（目的）の組み合わせに対して最適と判断できる理由（WHY）を検証しましょう。検証の軸としては、次のようなものが考えられます。

- 適切な形式で資料を作っているか？
- 聞き手の理解度に対する内容の粒度は適切か？
- 聞き手の「聞く姿勢」を醸成できているか？

●適切な形式で資料を作っているか？

聞き手に共通の書式（例えば、全社共通のPowerPointのスタイル）がある場合は、それに従うことが最善です。たとえその書式が不格好であっても、聞き手が慣れ親しんだ書式であればWHATに対して最適となるからです。

また、必ずしも「プレゼン＝PowerPoint」とは限りません。前述したように、WHO/WHATの組み合わせによっては手書きのメモが最適となる場合もありますし、Excelで数値データとグラフを直接見せることが最適となる場合もあります。

つまり、WHOに対するWHATに最短で到達できる形式を、適切に選べているかを検証するのです。

●聞き手の理解度に対する内容の粒度は適切か？

例えば、「会社の上層部に研究開発部門の成果をアピールすること」が目的であれば、結論重視の「提案型」の構成が基本となります。一方で、その結論を支える根拠となる技術的な手段もある程度は説明する必要がるでしょう。このとき、その聞き手の理解度に応じた粒度、つまり「どこまで詳細に説明するか」が問題となります。

前述したとおり、組織でポジションが上になるほど、現場の技術的な予備知識が少なく、その興味も低いと考えられます（社長が叩き上げの元エンジニアなら話は別かもしれませんが……）。そのため、どうやってその成果を実現したのかという手段・アプローチについてはポイントを絞って、場合によっては若干の誤解が生じることを覚悟のうえで、細部を端折ったり、比喩を用いたりしながら、粒度を粗くして端的に説明することが求められます。乱暴に要約することも場合によっては必要なのです。

逆に、「チームメンバーから課題解決のヒントを引き出すこと」が目的であれば、まず「背景」と「課題」は軽く済ませて構いません。同じチームのメンバーであれば、普段から内容を共有できている場合が多いからです。

それよりも、その課題が生じる仮説を細部にわたって説明したうえで、その仮説を検証するアプローチとしての手段を詳細に掘り下げる必要があるでしょう。そのため、仮説・手段に関する粒度を細かくし、議論からヒントを得るために各論に至るまでみっちり説明することが望まれます。

つまり、WHOに対するプロファイリングとWHAT（そのプレゼンの目的）に応じて、情報の粒度を適切に設定する必要があります。

ちなみに、民間企業に勤めるエンジニア・研究者が最もやってはいけないことは、非技術系の人々に対して、専門用語を多用しながら技術的なアプローチを延々と「解説」することです。特に、数式、化学式、設計図、ソースコード、生データなど、現場の専門家にしか理解できない内容を持ち出すのは最悪です。

寿司職人のような専門家が「匠の技」を素人に見せてそれが喜ばれるのは、それによって得られるメリットやそれを生み出す凄さが素人にも明らかだからです。エンジニア・研究者がプレゼンで匠の技を見せつけても、残念ながら素人には理解してもらえません。

WHO/WHATを豪快に取り違え、情報の粒度設定を誤ると、聞き手はポカンとするばかりか、しまいには「研究開発の連中はコミュニケーション能力がない」と宇宙人扱いされて立場を悪くするだけなので注意しましょう。

●聞き手の「聞く姿勢」を醸成できているか？

自分の取り組みを聞き手に理解してもらうチャンスを活かすためには、聞き手の興味を盛り上げることも重要です。

聞き手はわざわざ自分のプレゼンを聞きに来ているのだから、最初から興味を持っていると考えがちですが、通常それは誤解です——もちろん、これは発表する場の規模・種類や発表者と聞き手との関係性に依存します。しかし、原則としては「聞き手は自分の報告に興味を持っていない」と認識する方がよいでしょう。誰もあなた以上にはその取り組みに興味を持っておらず、多くの聞き手にとっては所詮「他人事」です。あなたの興味を100とすれば、聞き手の興味は高々50～60に過ぎないと考えておくことが基本です。

そのため、相手の立場に立ってその興味・期待が「手段」にあるか「結論」にあるかを確定させたうえで、それを喚起することが最初の一歩です。「このプレゼンの内容は、自分と関係のあることだ」と聞き手にうまく納得させましょう。

「プレゼン」という臨場感のある情報共有を通して議論を盛り上げ、自分にも聞き手にも収穫のある時間にするためには、聞き手の興味・

期待を正確に把握したうえで、それに応じて発表者がしっかりと内容・構成を詰め、プレゼンに臨むことが重要です。

ここまでをまとめると、聞き手が誰であるかを確認し（WHO）、プレゼンの目的を明確にし（WHAT）、内容がそれらの組み合わせに対して最適となっているかを検証する（WHY）――これが、プレゼン資料を作成する基本です。

特に、「自分の取り組みを正確に聞き手に伝え、その技術的な内容を理解してもらうこと」が前提となる技術プレゼンの成否は、テクニカルライティングによる言語化の精度に依存します。黄金フォーマットにおいて各ボックスを接続する関係が維持されていれば、聞き手がプレゼンを聞く過程で抱く「なぜ？」という疑問を自然と解消でき、その説得力が増すからです。もちろん、聞き手がプレゼンの内容に同意できるか否かは別の問題ですが、少なくとも技術的な内容自体は理解してもらえるでしょう。

資料作成の前にストーリーラインを決める

テクニカルライティングで内容を言語化し、WHO/WHAT/WHYを確定させて構成と内容の大枠を決めたら、次はその構成と内容の大枠に沿って全体のストーリーラインを決め、それを支える材料を揃えます。

また、プレゼンの時間配分を検討するためにも、ストーリーと材料の分量を決めなければなりません。PowerPointで資料を作る場合、スライドの枚数がこの段階でおおよそ決まります。

例えば、私は本書の執筆に先立って、「エンジニア・研究者のためのテクニカルライティング研修」というタイトルで、そのエッセンスだけを取り出した小規模な講演をクライアント先の若手向けに行ったことがあります。そのときのストーリーラインを決めるために、ホワイトボードに図4-2のような構成図を書き出しました。

「エンジニア・研究者としてのコミュニケーション能力を伸ばしましょう」という結論（聞き手に伝えたいメッセージ）に向かって、どのようにストーリーを組み立てるべきか、どの順序で情報を提示し、ど

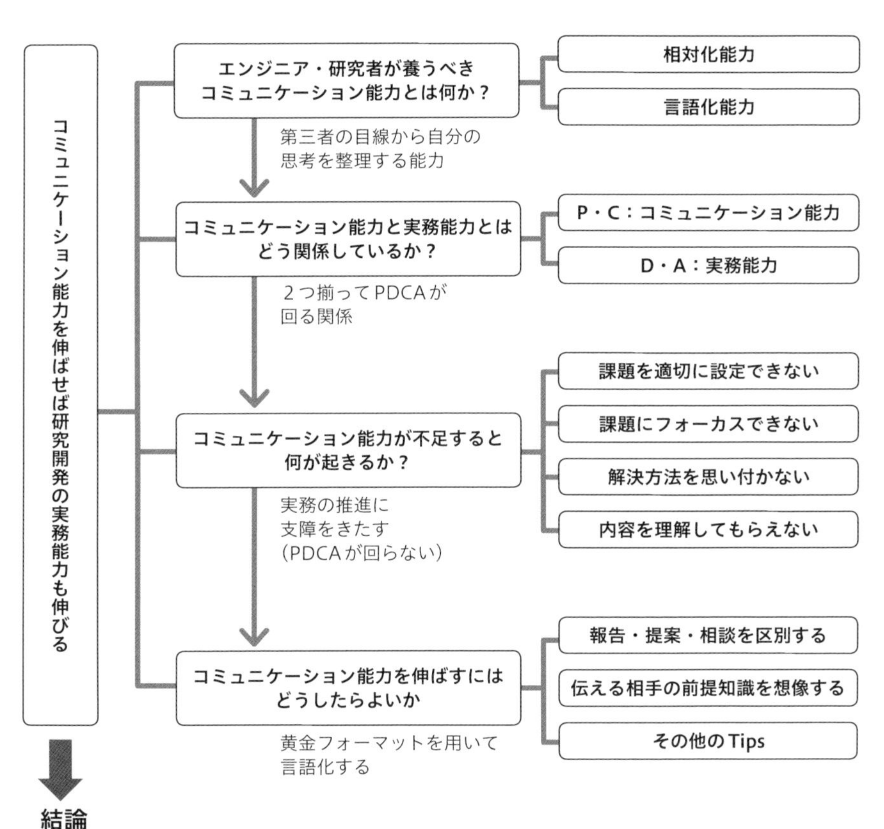

図4-2：テクニカルライティング研修の構成図

の部分を重点的に説明する必要があるかなどの流れと、各要素を支える根拠をピラミッド形式の構造でラフに書き出したものです。そのうえで、40分弱のプレゼン時間に対して、目次とまとめを入れて「スライド18～20枚」と設定しました。

このプレゼンは、「技術プレゼン」ではないため、黄金フォーマットで言語化する部分は省略しましたが、この図を見れば「ストーリーラインを組み立てる」ということのイメージは十分つかめると思います。

このピラミッド形式の構造に沿って末節のスライドをトップダウンで1つ1つ作り込んでいけば、説得力の生まれる技術プレゼンの資料が自然とでき上がります。

このように、ここまで全体像をしっかりと決めてから、トップダウンで資料作成に着手します。逆に、全体を決めずに「とりあえずPowerPointを起動」は、言うまでもなく良くありません。プレゼン資料の作り方を解説する多くの書籍でも「最もダメな行為」としてあげられる典型的な悪例であり、エンジニア・研究者に限らず多くの人がやってしまいがちなのですが……これがダメなのは、前から順番にボトムアップで資料を作ることになるためです。これでは、せっかくテクニカルライティングで言語化がうまくできていたとしても、全体として緩い資料ができ上がってしまうでしょう。

ここまでの全体をまとめると、技術プレゼンテーション用の資料は、次の流れで作ることになります。

(1) まずは自身の取り組みの内容を黄金フォーマットにのっとって言語化することによって思考を詰め、全体を矛盾なく見える化する

(2) 聞き手（WHO）を確認し、次の2つを確定させる
  (2-a) 資料作成に費やしてよい工数
  (2-b) プレゼン資料の構成（ストーリー重視・結論重視）
(3) 目的（WHAT）を確認し、内容の大枠を固めて構成を調整する
(4) 内容がWHO/WHATに対する組み合わせに対して最適と判断できる理由（WHY）を、次の3つの視点から検証する
  (4-a) 適切な形式で資料を作っているか？
  (4-b) 聞き手の理解度に対する内容の粒度は適切か？
  (4-c) 聞き手の「聞く姿勢」を醸成できているか？
(5) プレゼン開始から目的達成まで至る全体のストーリーラインを設計する
(6) プレゼン用の資料作成に着手する

(6)の資料作成の作業が全体の工数に占める割合は、高々2割程度であり、日ごろから(1)の言語化が基本となることを改めて強調したいと思います。

4-2 Before/After
―― 自然言語処理の研究成果に関する非技術者向けプレゼン

Before
―― ダメな技術プレゼンテーション

まずは、ダメなプレゼン資料の例をあげましょう。研究開発部門に所属するエンジニア・研究者が、前章で取り上げた「文書の自動分類」に関する技術の内容を、広報・営業の各担当者（非技術者）に説明する状況を想定します。

自社の技術力を外部にアピールする立場や、その技術が搭載されたプロダクトを売る立場に自分が置かれたとして次のプレゼンを聞いたとき、どのような心証を抱くかを想像しながら読んでみてください。

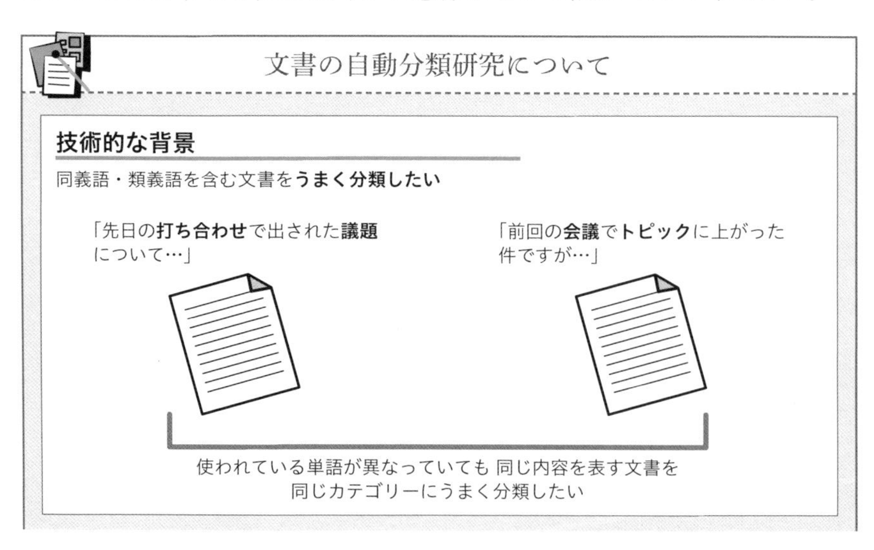

従来技術の課題

単語を適切に抽象化できない場合があり **分類精度が不十分**

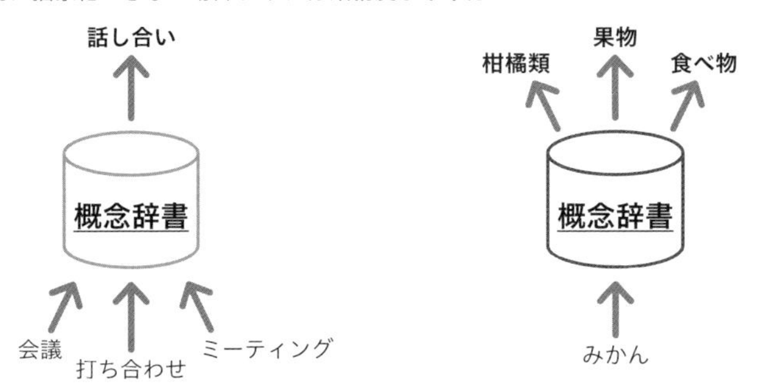

「みかん」の場合「果物」に抽象化できれば「りんご」と
類義語と判断できる ⇒ **抽象化のレベル設定が困難**

今回新しく考案したアプローチ

Word2Vecを用いて**同義語・類義語を含む文書を適切に分類**する

Word2Vecとは
ニューラルネットワークを用いて 各単語の意味をベクトル表現化する手法

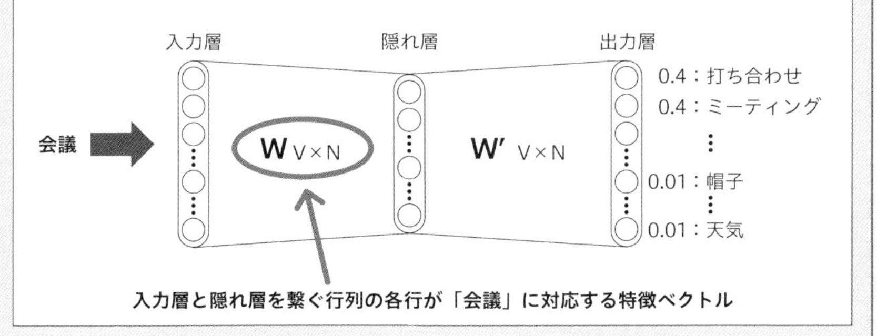

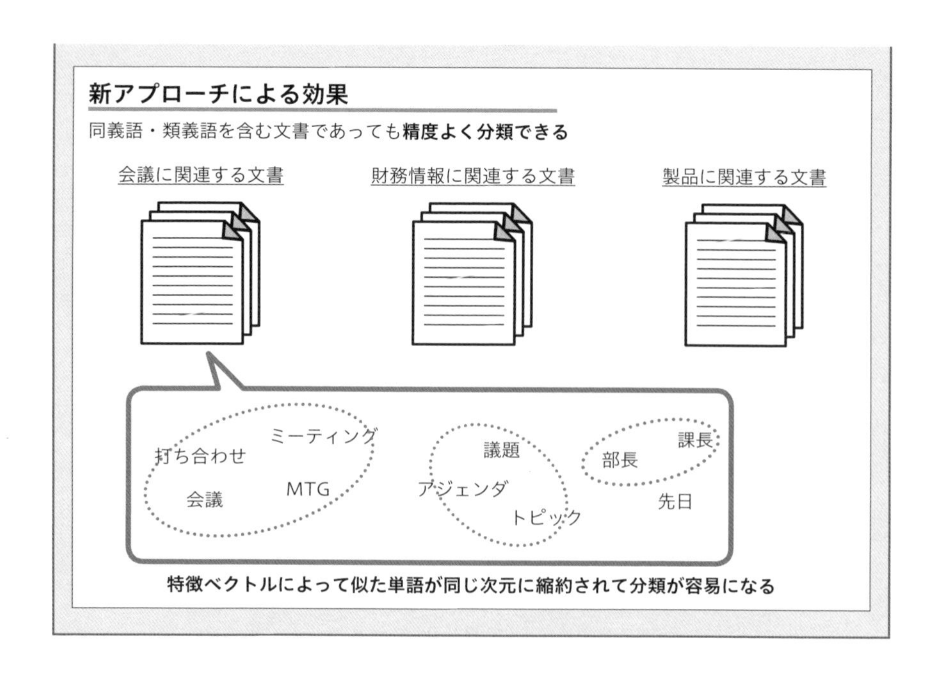

なぜこの技術プレゼンテーションがダメなのか?

この例では、背景→課題→手段→効果の順に論理的なストーリーが成立しているため、これが技術的なプレゼン資料としてまったくダメというわけではありません。

例えば、「最近の取り組み事例の概要」として研究開発の部門長に説明する資料としては、内容や説明の粒度が適切であり、むしろ悪くないと言えます。これが部門長に対する適切な資料となるのも、黄金フォーマットにのっとった正しい言語化で立体的な関係性が維持できている「優れた進捗報告書」(第3章)を基礎にしているからです。もし「ダメな進捗報告書」を基礎にしてプレゼン資料を作ったとすれば、部門長に不安を抱かせる内容になったでしょう。

しかし、どれほど「技術的なプレゼン資料」として優れていたとしても、広報・営業などの非技術者が聞けばどう感じるでしょうか。例えば、広報担当者は「私は社外に向かって何をアピールすればいいの？」と感じるでしょうし、営業担当者は「オレは客先で何を新しく提案できるようになるんだ？」と考えるでしょう。

つまり、この資料は技術的な概要を説明するものとしてはまとまっているのですが、WHO/WHATを見誤っていることにより、各担当者が持っているであろう興味・期待に応えられていないのです。

もっとも、技術を売りにする企業の社員であれば、その内容を自分の領域に掘り下げて考えることが彼／彼女たちの仕事の1つなのですが……残念ながら、そこまで当事者意識を高く持って難解な専門外のことを貪欲に理解しようとする人は、それほど多くありません。会社全体の利益を上げるために、技術力の高さを魅力的にアピールしてもらい、少しでも多くのプロダクトを売ってもらい、最終的に研究開発の意義を認めてもらえればよいので、技術の専門家としてエンジニア・研究者から相手の立場を考慮して歩み寄ることも重要です。

そこで、図4-3のように、黄金フォーマットにのっとって正しく言語化を進めたうえで、WHO/WHATに応じた内容や具体的な見せ方への落とし込みが必要になります。つまり、今回はWHO（広報・営業）に対するWHAT（セールスポイントを理解させる）に最短で到達できるかというWHYの検証が不十分でした。

前述したように、経営・事業サイドにいる人々には、「結論」を強調することが重要です。その結論として理想的なことは「分かりやすい新しさ」です。つまり、投資家や取引先に対して新しいセールスポイントを一言で説明できることを期待しているのです。そのため、プレゼン資料の構成としては「提案型」（結論重視）にし、その技術で実現できる（かもしれない）ことを思い切り要約して伝える必要があります。

逆に、それを実現する技術的な手段・アプローチについては付録のようなものですので、先の例のように図を入れてまで具体的に説明する必要はありません。特に、「同義語・類義語」「特徴ベクトル」「同じ次元に縮約」などの専門用語は、相手を混乱させるだけでその理解を促すことに寄与しませんので、潔く削除しましょう。

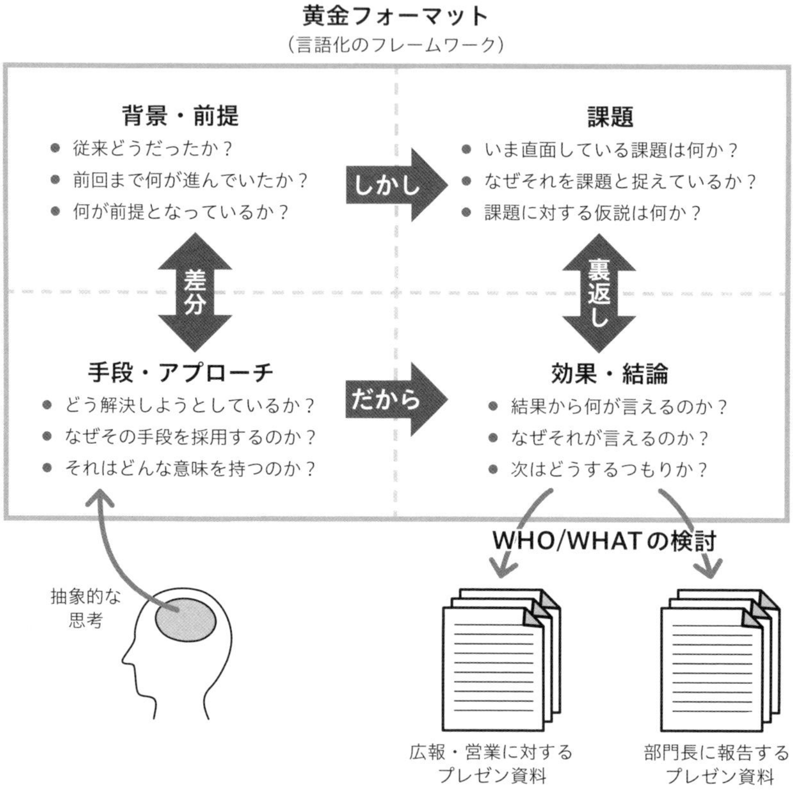

黄金フォーマット
（言語化のフレームワーク）

背景・前提
- 従来どうだったか？
- 前回まで何が進んでいたか？
- 何が前提となっているか？

しかし

課題
- いま直面している課題は何か？
- なぜそれを課題と捉えているか？
- 課題に対する仮説は何か？

差分

裏返し

手段・アプローチ
- どう解決しようとしているか？
- なぜその手段を採用するのか？
- それはどんな意味を持つのか？

だから

効果・結論
- 結果から何が言えるのか？
- なぜそれが言えるのか？
- 次はどうするつもりか？

抽象的な思考

WHO/WHATの検討

広報・営業に対するプレゼン資料

部門長に報告するプレゼン資料

図4-3：WHO/WHAT/WHYを検証して資料に落とし込む

After
―― 優れた技術プレゼンテーション

では、今回の聞き手の立場を考慮した優れた技術プレゼンテーションではどのような資料になるでしょうか。下記のように、聞き手が最も興味を持っている結論（何が実現できるか）を冒頭に置き、それを実現する手段についてはあっさりと説明するだけで改善します。

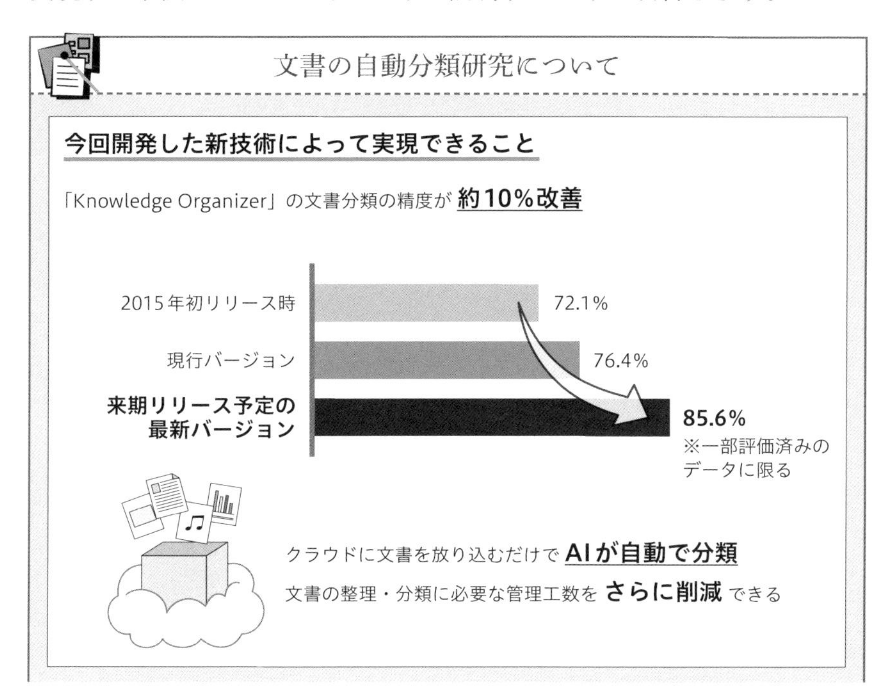

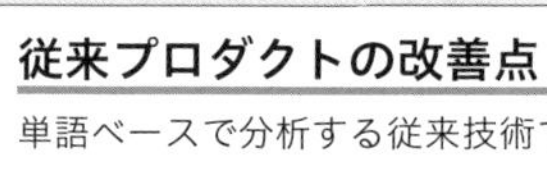

「先日の**打ち合わせ**で出された**議題**について…」

「前回の**会議**で**トピック**に上がった件ですが…」

同じ意味を持っていても 単語が異なれば分析結果が異なる
⇒ **同じカテゴリーにうまく分類できない場合があった**

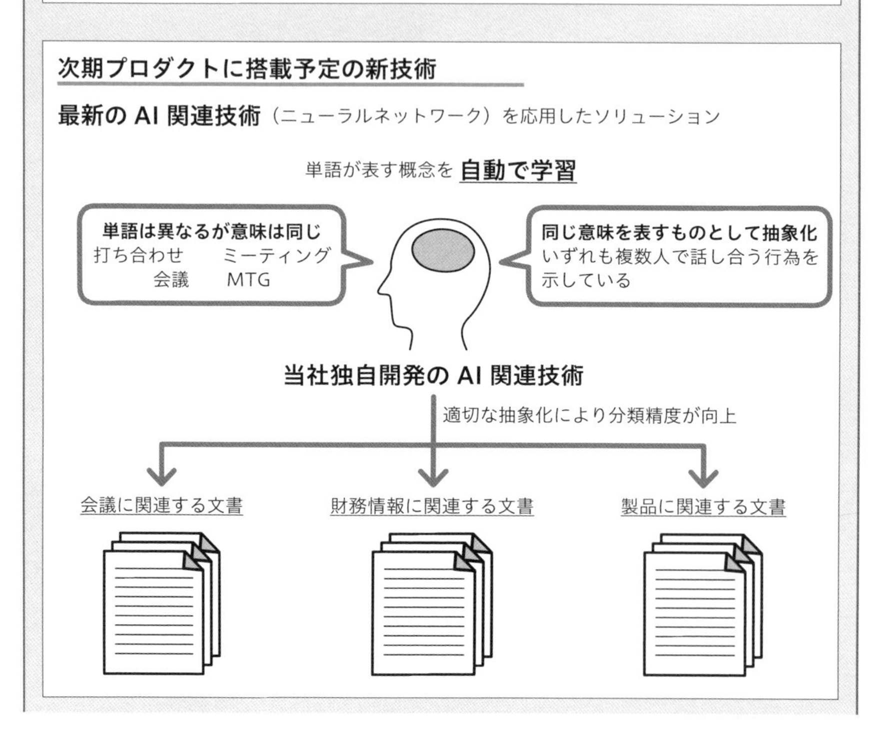

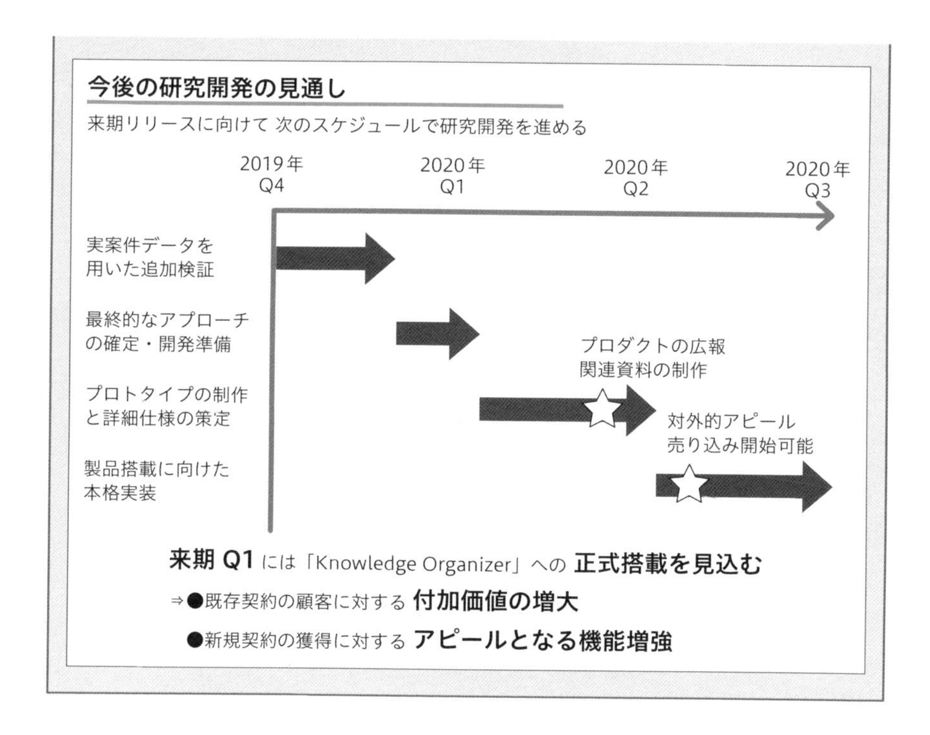

ダメな技術プレゼンテーションとの違いは何か?

このプレゼン資料には、聞き手が事業・管理部門（広報・営業）の担当者であることを理解したうえで、彼ら／彼女らが必ず知らなければならない情報が明確に盛り込まれています。

(1)　何が実現できるか（顧客が享受する利益は何か＝セールスポイント）
(2)　なぜそれが実現できるか（顧客・社内外にどう説明すればよいか）
(3)　いつそれが実現するか（いつ自分たちに出番が回ってくるか）

技術的な内容に関する説明が入るとすれば、「(2) なぜ実現できるか」という手段・アプローチなのですが、社内・社外を含めて技術の専門家でない人々に「Word2Vecが……」などと説明しても理解してもらえないでしょう。そのため、ここでは「最新のAI関連技術で自動学習」という便利な流行フレーズとそれらしいイラストで丸めています——専門家にとっては自分が試行錯誤を経て完成させた技術を、不正確な流行語で一絡げに表現することは不本意かもしれませんが、「WHOに対するWHATに最短で到達できる」を優先させることが重要です。

繰り返しますが、「最短で到達」が可能になるのはしっかりとした思考の言語化が基礎にあるからであり、これがなければ、そもそも聞き手の立場に立つという発想すら出ません。また、仮にWHOを正しく意識できたとしても、大元になる言語化が不十分であれば、聞き手に対して適切となる情報の取捨選択ができません。

プレゼンテーション資料を作るにあたっても、まずはフォーマットにのっとった思考の言語化が必要になることを、再度強調したいと思います。

4-3 プレゼン資料をもっと魅力的にするために

WHOを確認してあらかじめ設定した工数の上限にもよりますが、次の2点に注意すれば、より良い技術プレゼンになります。

- プレゼン資料の型に注意する
- スライド間の関係・位置づけを意識する

プレゼン資料の型に注意する

一般に、プレゼンには大別して次の3つの型があります（図4-4）。

- プレゼンター型：プレゼン資料にはコンセプトのみの粒度の低い内容が記載される。プレゼンターによる臨場感を伴うプレゼン自体がメインとなる。通称「ジョブズ型プレゼン」
- コンサル型：「1スライド1メッセージ」の原則のもと、プレゼン資料にはメッセージとそれを支持する根拠が記載される。プレゼンを聞かない人々にも理解できるように、情報量の多い詳細な記載になっており、資料自体がメインとなる
- 中庸型：プレゼンター型とコンサル型のハイブリッドな形で記載される。テクニカルライティングを適切に基礎としていれば、簡易なスライドでも内容・構造を理解しやすいため、詳細な内容はプレゼンターが補足を入れながらプレゼンを進める

まず、エンジニア・研究者の本分は、あくまでも「新しい技術・知

見を生み出すこと」にあるので、完璧に作り込んだ「コンサル型」のプレゼン資料を意識する必要はありません。ここまで詳細に資料を作り込むのは、それこそ「ゴールドプレーティング」になることが通常ですし、こんなコンサル資料は特殊な環境で厳しい訓練を積まなければ作れませんので、最初から諦めましょう。

また、技術の内容を正確に伝えたければ、「プレゼンター型」を採用することも不適当と考えられます。プレゼンターの説明も重要ですが、聞き手は説明を聞いて理解するよりも、プレゼン資料を読んで理解する比重の方が高いからです。実際、プレゼン資料の共有サイト「SlideShare」などでプレゼンター型の技術プレゼン資料を見かけることがありますが、やはり要所できちんと言語化を踏まえた適切な説明を入れ、同じ分野の専門家であればプレゼンターなしでも合点がいくものの方が、着実にビュー数を稼いでいるという印象があります。

そのため、技術プレゼンには、コンセプト寄り過ぎず、詳細寄り過ぎずの「中庸型」（両方のハイブリッド）が最も適当な型と言えます。この型を基本として、WHO/WHATに応じてどちらかに寄せてもよいでしょう。例えば、経営・事業サイドにいる人々（予備知識が少ない人）には、少し「プレゼンター型」に寄せてコンセプトを理解してもらえるようにしたり、同業のエンジニア・研究者には、「コンサル型」に寄せて詳細を理解してもらえるようにしたりすればよいと思います。

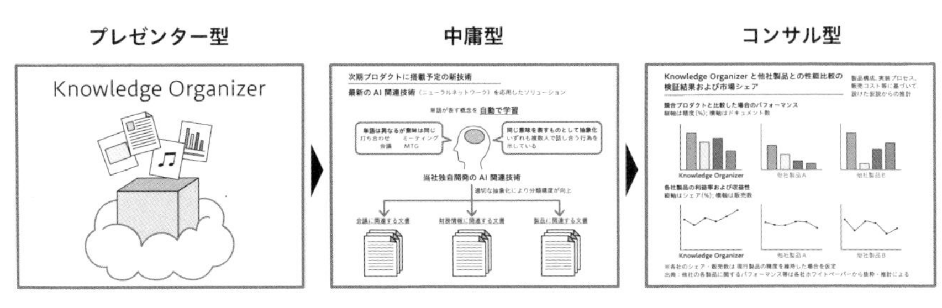

図4-4：プレゼンテーションの3つの型

スライド間の関係・位置づけを意識する

聞き手は、全体のストーリーから切り出された断片的なスライドを順番に見せられるため、全体感を見失いがちです。つまり、プレゼンの内容に疎いほど、いま目の前で見せられているスライドが1つ前のスライドとどう関係しており、全体のストーリーのなかでどのような位置づけにあるのかという点について、迷子になりやすいのです。

そのため、聞き手に予備知識が少なく、それに加えてプレゼンが長尺になるほど、聞き手に寄り添う配慮が必要になります。例えば、いま提示しているスライドが、プレゼン全体のどの階層・どの位置にあるかを提示するナビゲーション（パンくずリスト）をスライドの右上に入れたり、全体をトピックごとに何章かに分割し、各章の末尾にその章のまとめを入れて理解を確認したりするなどの方法があります。このように、全体に対する最終結論までの進捗を聞き手に意識させると、聞き手は安心してプレゼンに集中できるようになります。

例えば、私が日本弁理士会からの依頼で「人工知能に関連する技術・ビジネスの動向と今後の知財実務へのヒント」というタイトルで2時間の講演会を行った際には、以下の3つを目的に設定しました。

- 第１部：人工知能に関連するビジネスの動向を把握する
- 第２部：人工知能に関連する技術の動向を把握する
- 第３部：人工知能に関連する法整備・行政の動向を把握する

そして、各部においてツカミから入って「聞く姿勢」を醸成しつつ、それぞれにまとめを配置して常に全体像を振り返る工夫をすることで、スライド間の関係を明示しました。

特許出願に向けた資料作成

民間企業でエンジニア・研究者をしていれば、特許出願に関わることが多いと思います。このとき、弁理士に出す資料としては、「ダメな技術プレゼンテーション」として例にあげた技術資料の方が当然適切です。ただし、この資料は概略を説明しているだけで技術的な詳細に欠けるので、さらに踏み込んだ補充資料が必要になります。概略から入って大枠を説明し（弁理士はこの時点で出願の方向性と請求項を想像します）、次に詳細を掘り下げて説明すれば（ここで明細書に記載する内容を固めます）、円滑で漏れのない出願を進められ、よい権利を取得できる可能性が高まります。「はじめに」で紹介した優れたエンジニアの方は、常にこの段取りでヒアリングに臨んでくださったので、私はとても仕事を進めやすく、立派な権利が成立したことも少なくありませんでした。

特許は、実際に発明が完成した後に、それがプロダクトとして世に出る前に出願します。ところが、出願した後、製品化の段階で細かい仕様が変更になったり、新しく機能が追加されたりすることがあります。また、競合他社が類似の機能を持つ別プロダクトを出してくることも考えられます。そのため、プロダクトを支えるコンセプトとして広く権利化を狙うことは当然大事なのですが、将来の変更・追加や権利行使に備えて、出願時に多様なバリエーションを想定して明細書に盛り込んでおくことが望ましいと言えます。

何がどのように変更・追加されるかは出願時には具体的に分かりませんので、「数打ちゃ当たる」のブレーンストーミングの要領で、考えられる詳細をすべて洗い出すことが重要です。あくまで主観的な感覚ですが、補充資料の充実度と権利の良否は、だいたい相関する傾向があります。

逆に、それが十分にできないということは詳細の詰めが甘く、抽象的な概念だけで出願しようとしている証拠です。私の経験によれば、その類の出願がうまく権利化できることはほとんどありませんので、もう少し内容を詰めてから弁理士に依頼する方がよいでしょう。

第5章

予算がとれる「研究企画書」

高い視座から意気込みを示して意思決定を促そう

5-1 意志決定のプロセスを理解し、合理的な企画を立案する

この章では、「研究企画書」や「科研費の申請書」においてテクニカルライティングを実践するシーンを想定し、その取り組み方を具体的に説明します。エンジニア・研究者が、研究開発したい内容を自身で主体的に企画化できれば、仕事の幅とその成果を広げられるからです。

民間企業では、経営者が会社全体としての事業方針を立て、その方針に対して研究開発部門が果たすべき役割を部門長が決めます。そして、部門長は各部署に役割に応じた開発目標を部長に課し、各部長はその目標に沿って自分の部署が進めるべき技術開発の方向性を決め、各課長（現場のチームリーダ）に具体的な研究開発の企画の立案を指示します。最後に、各課長はその方向性に沿って配下の担当者に開発テーマを割り振り、各担当者に個別の研究開発アイテムに関する企画書を出すように指示します（図5-1）。

もちろん、会社の規模や社風によってこの上意下達の階層や意思決定の様式には違いがあります。特に、意思決定のスピードを重視するベンチャー系の企業であれば、各チームに与えられる裁量が大きく、各自が会社のビジョンに沿った研究開発の内容を自ら発見・定義し、独自でそれを進める場合もあるでしょう（自発性の高い若者は、そういう自由度の高い環境を好む傾向が最近は顕著ですね）。

とはいえ、組織として研究開発を進める体制としては、おおよそこの流れで部門全体の役割から各担当者が推進する研究開発アイテムま

でブレイクダウンされることが基本となるはずです。そのため、現場で実際の研究開発を担う担当者が、自身で進めるべき研究開発アイテムに関する企画書をテーマに沿って作ることになります。

また、大学の研究者であれば、科研費を獲得するために研究計画書（申請書）を書く機会は当然あるでしょうし、学生であっても学振（日本学術振興会の特別研究員）を申請するために自分の研究をアピールする必要があるでしょう。これらも立派な「企画書」です。

ここで、「企画書」は、これから進めようとする研究開発アイテムに関する青写真を説明するために作成する資料です。部門全体として研究開発を進めることで会社の事業拡大に貢献できると見込まれる成果について、最終的に上層部を納得させ、研究開発部門の予算（大学の場合は科研費など）の割り当てを受ける必要があり、そのために一番下の基礎となる研究開発アイテムに関する情報を提供することが企画

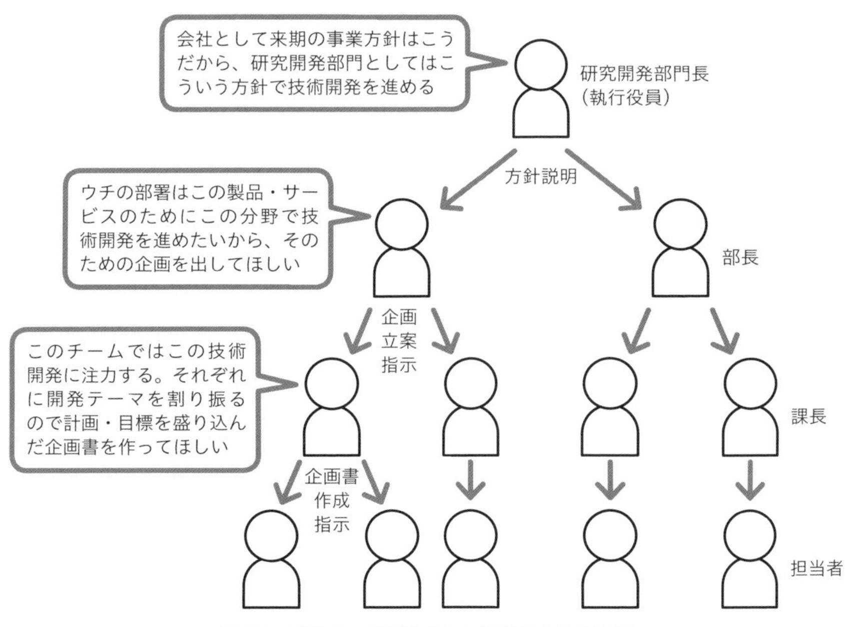

図5-1：ピラミッド構造をした組織での研究開発

書を作成する目的です。

課長以上の意思決定者に合理的な判断を促すという点では、第3章で説明した進捗報告書と同じですので、まずは背景と課題から定義し、それをしっかり言語化するという最初の進め方も変わりません。ただし、次の2点が進捗報告書と異なります。

- 直属の上司に向けて企画書を書くのではなく、階層が2つ上の上司（担当者であれば部長以上）に提案するつもりで書く
- まだ研究開発が実際に始まっていないため、理想的な結果とアプローチの方向性を描いて黄金フォーマットに沿った言語化を進める

2つ上の上司に提案するつもりで書く

「こういうテーマで研究開発を進めるつもりでいるから、そのための企画書を作ってくれ」という指示は、直属の上司から下りることが多いでしょう。このとき、その上司ではなく、もう1つ上の上司（上司の上司）に企画を提案するつもりで企画書を作れば、研究開発で成果を上げやすくなります（図5-2）。

例えば、2つ上の上司である部長が、その上司である部門長に部署の開発全体を説明するときどのように説明するかを想像しましょう。部長は「ウチの部署はこの方針で技術開発を進めて部門業績に貢献します」と部門長に説明するはずです。それを達成するために、各チームに任せる取り組みを説明し、そのなかに自分が進める研究開発アイテムが位置づけられています。ということは、その位置づけから逸脱しなければ、与えられたテーマを最大限に膨らませて、自分が「ぜひや

りたい」と希望する方向に近づけられます。

このとき、与えられたテーマの範囲内で、会社に対して自分がどのように貢献できるかを考えましょう。つまり、会社の事業方針をブレイクダウンして下りてきたテーマから上流に遡り、例えば「なぜ自分にこのテーマが割り当てられたのか？」「この部署が自分に何を期待しているのか？」「この研究開発に成功したら会社はどのような利益を得るのか？」と考えたうえで、テーマの意図やその先にある成功時の利益を想像して、企画の意義をアピールするのです。

各担当者に与えられたテーマは会社全体から見ればちっぽけかもしれませんが、部署の目標達成に対する位置づけを想像すれば、テーマ（上司の意向）と自分の希望とを一致させられ、主体的な企画になります。そして、そういう積極的な内容が企画として明確に盛り込まれていれば、部長も部門長に説明しやすいため、結果的に研究開発に対す

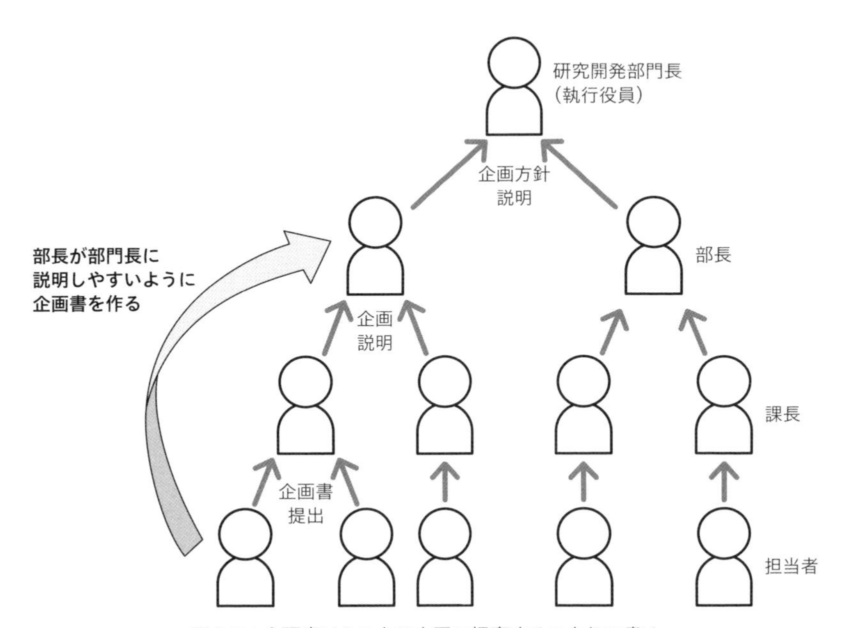

図5-2：企画書は2つ上の上司に提案するつもりで書く

る自分の自由度も高くなり、成果を上げやすくなるはずです。そのため、2つ上の上司である部長が自信を持って説明できるような「企画を立案する」ようにしましょう。

逆に、「企画書を作ってくれ」という指示をそのまま解釈して「企画書を作る」ことだけに自分のタスクを狭く限定し、行き当たりばったりで企画書フォーマットの空欄に指示されたことを埋めるのは良くありません。その作業にはどこにも主体性がないからです。論理的に思考を詰めようとする積極性もないため、成果も中途半端のまま終わってしまいます。

現場のエンジニア・研究者に対して期待されていることは、「企画書フォーマットの空欄を埋めること」ではなく、「自分が推進すべき研究開発アイテムの企画自体を、自発的に立案・提案すること」であることを意識しましょう。

理想的な結果とアプローチの方向性を示す

進捗報告書（第3章）は、すでに着手している研究開発のプロセスとその結果を報告するものです。そのため、報告書の内容を黄金フォーマットに当てはめると、上半分（背景・課題）のボックスより下半分（手段・結果）のボックスが充実します。

それに対して、企画書は、これから着手する研究開発の内容を説明するものです。そのため、下半分のボックスを論理で埋めることは難しいので、まずは上半分を充実させます。具体的には、いま社会の流れや会社全体の現状がどうであり、そこにはどのような課題があるかを最初に明確にします。そのうえで、その課題を解決できる技術の必要性を説明し、その開発に成功すれば社会にどのようなインパクトを与え、その結果として会社にどのような利益があるかを「効果・結論」として明確にします（図5-3）。

つまり、具体的にどのような技術で利益に貢献するか（手段・アプローチ）はいったん脇に置いておき、課題解決のニーズとそれを解決したときのインパクトを示します。「この研究開発を進める意義がある」という課題解決に関するアイデアを具体的な形に変換するプロセスが「企画」ですので、企画書に詳細な解決手段を盛り込む必要はありません（というか、原理的に不可能です）。

とはいえ、まったく見通しがなければ実現可能性に対して説得力がありませんので、「手段」と「結論」を繋ぐ順接関係からアプローチを逆算し、「……という方向性で研究開発を進めれば、……までに実現できるだろう」というコンセプトと実現時期をある程度は示す必要があります。

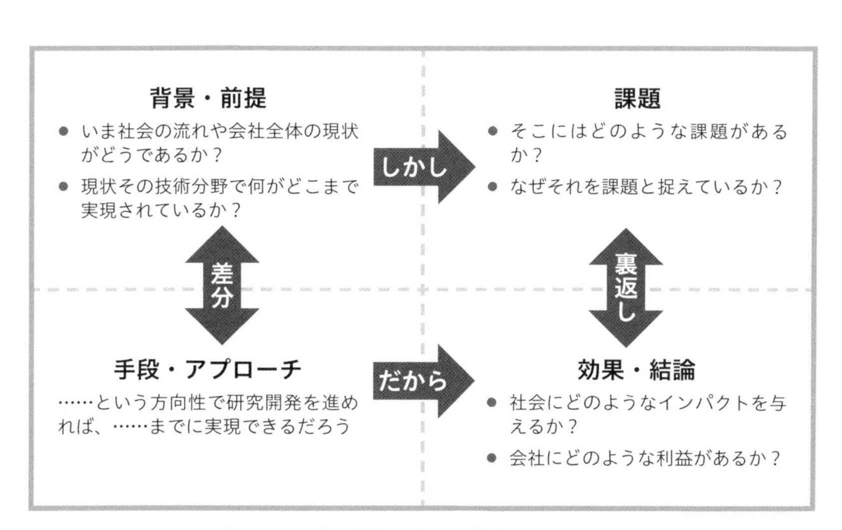

図5-3：研究企画書における黄金フォーマット

まとめると、エンジニア・研究者は、自身が主体的に携わる研究開発の自由度を上げ、会社のリソースを存分に利用してやりたいことを追求するために、課題解決のニーズとそれを解決したときのインパクトに関して論理を詰めた企画を準備し、それがきちんと伝わるように説明する必要があります。そのゴールは、意思決定者がスムーズに企画を理解し、その必要性・重要性を把握したうえで合理的な判断を下してもらうことにあります。

では、「合理的な判断を下してもらう」というゴールに向けて、どのように論理を詰める必要があるのでしょうか。それを知るためには、企画の採否を決定する意思決定者の検討プロセスを理解する必要があります。

意思決定者の問いに論理的な回答を用意する

意思決定者は、だいたい次の6つの検討プロセスを経て企画の採否を決定します。

(1) その研究開発は、どのような技術を開発しようとしているのか（内容の理解）
(2) なぜその技術を開発する必要があるのか（狙いの確認）
(3) その狙いは妥当か（妥当性の検証）
(4) その開発に成功する見込みはどの程度か（可能性の評価）
(5) その成功は部署・部門・会社の業績にどの程度まで寄与するか（インパクトの評価）
(6) それが業績に寄与するまでにかかる時間・費用はどれくらいか（リソースの検討）

そのため、意思決定者に合理的な判断を促し、納得してもらったうえで企画の承認を取り付けるためには、これら6つの問いのすべてに論理的な回答を用意する必要があります。

●技術的内容の理解と狙いの確認

(1) の内容の理解と (2) の狙いの確認は、黄金フォーマットの「背景」「課題」および「効果」にそれぞれ対応します。

役職が上がるほど「何が実現されるか」(効果・結果) に興味の軸足が偏るので、提案型の構成に沿って「これを実現する技術を開発します」と結論を最初に示します。そのうえで、例えば次のように背景・課題を説明すればよいでしょう。

(A)　いま社会は……という潮流に乗って変化しようとしており、数年後には……のようなニーズが顕在化すると予測される（社会的な背景）。そのため、この大きな技術領域において研究開発を進めることは、産業的に大きなポテンシャルを秘めている（技術領域の重要性）。これに対して、競合他社はこの領域に含まれる……という分野において技術開発を……というところまで進めている。ただし、……の分野にはいまのところ手を付けていない（技術的な背景）。

(B)　しかし、この未着手の分野においては、技術的に……という課題がある（技術的な課題）。そして、この技術的課題に起因して、新しい製品・サービスの実現（または、自社の既存製品・サービスの改善）に……という支障が生じている（事業上の課題）。

言うまでもなく、上記 (A) および (B) は、黄金フォーマットにおける逆説の関係を意識しています。

まず、上記 (A) の「背景」に関して注意すべきことは、社会との接点を示す必要があるということです。学術研究ではその研究領域の重要性だけアピールすれば基本的にはよいのですが、民間企業における研究開発では、その課題解決がどれほど技術的に意味のあるものであったとしても、事業上の課題を解決できる（その課題を解決するニーズがある）ものでなければ意味がありません。そのため、その技術的な課題を克服することと、事業上の課題を克服することとがどう関係するかを明確にしたうえで、「この分野における研究開発は重要だ」という主張を貫く必要があります。

次に、上記（B）の「課題」に関しても社会との接点を示す必要があります。つまり、今回の研究開発で解決できる（と考えている）技術的な課題を指摘し、それが原因で生じている事業上の課題を明確にします。技術的な課題のせいで実際に起こっている（あるいは起こるであろう）事業上の課題をあげ、このままでは「最悪の結末」が待っていることを意思決定者に印象づけます。後者の課題は大きければ大きいほど、自分が研究開発を引き受けて技術的な課題を解決する必要性が増します。事業上の課題が特に思いつかない場合は、テーマ設定が間違っているか、事業に関する知識が不足しているかいずれかですので、そのあたりは上司や先輩に相談しましょう。

なお、よくあるダメな背景・課題の例として「穴がないから穴を掘る」という類いの記載があります。例えば、「……ということが分かっていた。しかし、……についてはまだ分かっていなかった」というのがそれです。

無数にある課題のなかで「なぜそれを選んだのか（もっと言えば、なぜそれをあなたがやる必要があるのか）」という点が問われているのに、「そこに山があるからだ」と哲学的な答えを返すことに意味はありませんので注意が必要です。

●研究開発の狙いの妥当性検証

(3) の妥当性の検証は、先にそれぞれ明らかにした「背景」「課題」および「効果」を支持する証拠に対応します。

この証拠は、既存製品に対するクライアントの改善要望などの定性的な情報でも構いませんが、定量的な情報であれば万全でしょう。自社製品と競合製品とのパフォーマンス（もちろん、この企画書で開発を提案する技術に関係するものです）を比較した結果を示すグラフや、これまでの研究開発において類似技術の進歩を示す表など、数値の変化が一目で分かるものが最適です。

なお、競合他社がどの分野でどこまで技術開発を進めているかは、特許調査で詳細に明らかにできます。

例えば、調査したい技術領域を絞り込んだうえで専門の調査機関に調査を依頼すれば、課題・手段を軸として競合他社別に出願件数が分かります。そうすれば、同じ目的に対して他社が手薄な手段や、同じ手段でも応用先（目的）の異なる分野で手薄な部分が浮き彫りになり、それが研究開発の方向性を決める手がかりになったり、企画を提案する根拠にできたりします。

●成功可能性・インパクトの評価とリソースの確認

(4) (5) として挙げた成功可能性とインパクトの評価は、業績に対する期待値と投資の規模を査定することに対応します。民間企業にとって研究開発はあくまで「投資」ですので、その成否、インパクト、リソースの見積もりが不確実であることは意思決定者も理解しているはずです。そのため、その研究開発の内容が上流（基礎研究）に寄るほど、それらの評価にあまり信頼性がないことも承知しています。

一方で、担当者が投資を受けてその研究開発をやり通そうとする意気込みは、企画の論理性やアピールの強さから十分に評価でき、これが成否の代替指標として信頼性が高いことも分かっています。

そのため、この箇所については根拠を示して論理的に説得するというより、論理的な企画書として「これは会社として絶対やらなければならないので、私がやる」という担当者の熱意を伝えることになります。先に指摘した課題やそれに起因する弊害を解決するための鮮やかなアプローチに向けたコンセプトを論理的に示し、この解決によって「最悪の結末」が「バラ色の未来」へと変わることをアピールするのです。

控え目なエンジニア・研究者は、この類いのアピールに違和感を覚えてしまい、歯切れの悪い文章を書きがちです。しかし、企画のアピールが弱ければ、「必ずやり切る」という立案者の当事者意識が感じられないため、意思決定者は投資を決断できません。悪い言い方をすれば、ここは「言ったもん勝ち」ですので、「バラ色の未来」を盛って書く覚悟が必要です。

アプローチに対するコンセプトには、新しいアイデアが必要です。単に既存の技術を転用するだけであったとしても、新しい切り口から事業上の課題を解決できる可能性を語ることができれば、十分に魅力的な企画に映ります。黄金フォーマットにおいて、手段のボックスと隣接する2つのボックスとの関係（差分の関係・順接の関係）を考慮し、挟み撃ちするように新しいコンセプトを検討しましょう。

5-2 Before/After ── 自然言語処理プロジェクトに関する研究企画書

Before ── ダメな企画書

まずは、ダメな企画書の例をあげます。現場のエンジニア·研究者が、前章で取り上げた「文書の自動分類」をテーマとして上司から与えられ、その技術の研究開発に関する企画書を書く状況を想定します。上司として現場から上がってきた企画書を読んだとき、どのような心証を抱くかを想像しながら読んでみてください。

Word2Vecを用いた特徴抽出に基づく文書分類の精度向上

【責任者】 宮里拓朗
【担当者】 大倉昌徳

背景

当社がリリースしたビジネス用途のクラウド文書管理サービス「Knowledge Organizer」は、文書の分類機能に対する改善要望が強い。しかし、従来技術の延長で文書分類の精度向上を図ることは技術的に困難である。例えば、文書分類の基礎として従来技術の1つとなるTF-iDFを用いて、重要と判断できる形態素をオントロジー辞書で上位概念化し、共通する概念に応じて文書の分類を試みた場合、概念の抽象度が一意に定まらないことが多いことにより、分類精度は不十分に止まる。そのため、既存サービスに搭載されている従来技術では、顧客の改善要望に応えることが難しいと考えられる。

課題

技術的な課題は2つ存在する。1つは、最新技術に関する応用研究が不足しており、その精度検証が著しく立ち後れていること、もう1つは、アドホックなヒューリスティクスを用いた分類アプローチに関するノウハウしか社内に存在せず、普遍的に適用可能な基盤技術の開発に工数を割けていない現状があることである。

課題の解決方針

Word2Vecに代表されるような文書から特徴を抽出するアプローチと、LDAのようなトピック分類アルゴリズムとを組み合わせることにより、分類精度の向上に向けた取り組みを進める。近年流行しているアプローチを試すことには、研究開発としての意義が高いと考えられる。

効果

最新技術の応用研究をとおして次世代技術に関するノウハウを蓄積し、既存サービスの精度向上を図るだけでなく、今後の研究開発を有利に進めるための足掛かりを得ることができる。(607文字)

なぜこの研究企画書がダメなのか?

具体的にどの箇所がどうダメかについては、本章を読み進めてきた皆さんならよく理解できることであり、いちいち説明しても冗長ですので細かい点は割愛します。そこで端的に問題を表現すれば、この企画で提案する研究開発とビジネスとの接点に関する論拠が弱く、「研究のために研究を進める」という視座の低さしか見えないのです。

これは、黄金フォーマットに当てはめたときに、そもそも立体的な関係性を満たしていないことが遠因にあります。前章でも繰り返し強調したとおり、企画書のように技術的な内容が比較的薄い文書であっても、その大元となるメッセージが黄金フォーマットにのっとった言語化をとおして明確にされていることが前提です。実際に企画書の内容を黄金フォーマットに当てはめてみると、ほとんど関係性を満たしていないことが一目瞭然です（図5-4）。

また、意思決定者が最も重視する「いつまでに、いくらで、何が達成できるか」が明確に示されていません。これは、企画立案を担当したエンジニア・研究者が、組織の論理を考慮しないまま、単に自分が試したいと考えていることを書いているから、あるいは上から指示されたことに沿って企画書フォーマットの空欄を埋めるだけになっているからです。

背景・前提

- 当社がリリースしたビジネス用途のクラウド文書管理サービス「Knowledge Organizer」は、文書の分類機能に対する改善要望が強いが、既存サービスに搭載されている従来技術では、顧客の改善要望に応えることが難しい

しかし

課題

- 最新技術に関する応用研究が不足しており、その精度検証が著しく立ち後れている
- アドホックなヒューリスティクスを用いた分類アプローチに関するノウハウしか社内に存在せず、普遍的に適用可能な基盤技術の開発に工数を割けていない現状がある

手段・アプローチ

- Word2Vecに代表されるような文書から特徴を抽出するアプローチと、LDAのようなトピック分類アルゴリズムとを組み合わせることにより、分類精度の向上に向けた取り組みを進める。

だから

効果・結論

- 近年流行しているアプローチを試すことには、研究開発としての意義が高い
- 最新技術の応用研究をとおして次世代技術に関するノウハウを蓄積し、既存サービスの精度向上を図る
- 今後の研究開発を有利に進めるための足掛かりを得ることができる。

図5-4：ダメな企画書を黄金フォーマットに当てはめると……

企画の採否を判断する際の検討プロセスによれば、意思決定者は、要するに「投資するに値するか」「そう判断できる根拠はどこにあるか」ということを知りたがっています。このダメな企画書には、これらを知るための内容がほとんど見当たりません。これでは、意思決定者は却下としか判断のしようがないのです。

また、全体として論理が詰まっていないことにより、主体性のなさまで伝わってくることも問題です。主体性を持たないまま引き受けた仕事は、その成否にかかわらず、自分の成長の糧になりません。特に、失敗した場合は「なぜ失敗したか」「次の機会で成功させるためにはどうすればよいか」という反省を通して学習するチャンスであるはずです。しかし、主体性がなければ「指示されてやったことだから上が悪い」と責任転嫁するだけで終わってしまいます。

そのため、高い視座から全体を俯瞰し、より上位の職位にある人に積極的な提案ができる主体性を持ちながら、隙のない言語化をとおして論理的な企画を立てられるようにならなければ、エンジニア・研究者としての成長は頭打ちになってしまうのです。

After
―― 優れた企画書

これに対して、優れた企画書ではまず組織の論理を優先させ、それに対して自身がどのように貢献できるかを高い視座から俯瞰して、自分の研究開発の内容を位置づけることを重視しています。次に示すのは、優れた企画書の一例です。先のダメ企画書と比較し、論理の詰め方にどのような違いがあるかを意識しながら読んでみてください。

ニューラルネットワークを用いた文書分類を端緒とする次世代技術の開発

【責任者】 宮里拓朗
【担当者】 大倉昌徳

ビジネス上の効果

- 既存ソリューションの付加価値向上による導入数の増加とシェアの拡大
- 最新技術を応用した研究開発と産学連携を活用した取り組みに関する対外的アピール
- 対外的アピールによる当社価値の向上と採用ブランドの強化

技術的な効果

- 最新技術の応用研究をとおした次世代技術に関するノウハウの蓄積
- 社外専門家と協働した研究開発に携わることによるエンジニア・研究者の勤労意欲向上
- 産学連携を活用した大学（研究室）とのリレーション構築

完了要件

2019年第4四半期までに、当社サービスを介して得られた全ての顧客データセットに対する分類精度を85%以上まで引き上げること

背景

ネットワーク接続された高性能コンピュータを1人が1台以上持ち歩く環境が実現し（総務省「情報通信白書2018版」参照）、すべてのプラットフォームに大量のデータが集積している。その種類は、小さなセンサーから取得される数値データから動画配信サービスに集まる動画データまで多岐にわたるが、最も情報処理ニーズの高いデータは、自然言語で記載された文書データである（2015年に実施した市場調査）。特に、人間が判断・アクションするための前処理として、大量の文書データを所定の基準にのっとって分類するニーズは高い。例えば、消費者から商品・サービスに対して寄せられる多様な意見（Voice of Customer; VOC）を分類し、緊急度の高いクレームに

人的リソースを優先して割り当てるなどのニーズが広がっている（日経ビジネス2018年9月号)。ディープラーニングの普及に伴う「第3次人工知能ブーム」を背景として、文書処理を中心とする高度な情報処理技術に今後も注目とニーズが高まると予想される。

ビジネス上の課題

上記の背景を受けて、当社はビジネス用途のクラウド文書管理サービス「Knowledge Organizer」を2016年4月にリリースした。このサービスは、多くの顧客情報を文書データとして管理する企業を中心に、順調に導入数を増やしてきた。一方で、最もニーズの高い「分類機能」の精度に対して、74％の顧客が「不満足」または「やや不満足」であることが、顧客満足度の調査（2017年実施）から明らかになっている。競合他社の類似サービスは同機能の精度向上に力を入れているため、ニーズの高い機能で相対的に劣位となれば、当社サービスのシェアを低下させるおそれがある。これが続けば、当社の価値自体が低下し、採用ブランドまで毀損することが考えられる。

技術的な課題

しかし、文書分類の精度向上は技術的なハードルが高い。近年は多様な種類の文書データに対して様々なアプローチが試され、その精度は徐々に向上しているが、実応用に堪える精度まで達することは難しい。これは、応用分野によっては自然言語による雑多な記載に秩序が乏しく、人間ですら分類が困難となる場合が多いからである。また、当社は組織的に次世代の最新技術に追随する取り組みが競合他社と比較して遅れており（競合他社の決算説明資料から推測)、これを放置すると長期的な研究開発力を低下させ、最終的には既存サービスに対する付加価値向上に悪影響を及ぼすおそれまで考えられる。

課題の解決方針

次世代の情報処理技術として近年注目を集めているニューラルネットワーク関連技術と、最新の文書分類アルゴリズムとを併用することによって、精度向上に向けた取り組みを進める。具体的には、ニューラルネットワーク関連技術を応用し、雑多な記載による表面的な差異を吸収して本質的な意味を抽出することを試みる。現時点で最も簡便かつ効果の高いアプローチと考えられているからである（各種学会資料を参照）。また、人間による模範分類の信頼性が低い場合を想定し、抽出した意味から自律的に分類基準を発見し、分類結果を提案する最新アルゴリズムの実用性を検証する。これを効率的に進めるために、この分野に精通した社外専門家（大学教授・准教授、助言元は要検討）を招聘して当社研究員と協働させ、アドバイスを仰ぎながら取り組みを加速させる。これにより、既存サービスの精度向上を迅速に図るとともに、社外の専門知識を取り入れながら、この研究開発を端緒として組織的に次世代技術を開発するための足掛かりとする。

スケジュール概要

- 2019年第1四半期：ニューラルネットワーク関連技術を応用した意味抽出の性能検証
- 2019年第2四半期：意味抽出に基づくトピック分類アルゴリズムの実用性の検証
- 2019年第3四半期：ユースケースに応じた性能インパクトの評価と細部のチューニング
- 2019年第4四半期：顧客データセットを用いた文書分類の精度検証

必要リソース

年間550万円

- 研究者1名：既存社員の人件費を充当
- アノテーション（模範分類を付与する査読）：外注費として年間300万円
- 社外専門家による助言：年間150万円（研究委託ではなく、社外専門家と研究者との議論をとおした研究開発の加速を目的とする）
- 計算環境：年間100万円

(1,903文字)

ダメな研究企画書との違いは何か？

一読しただけで、意思決定者が知りたい情報が論拠を持って網羅されていることが分かります。これを黄金フォーマットに当てはめると、図5-5のようになります。

「手段・アプローチ」がざっくりとしたコンセプトに止まる以上、従来技術（背景）との差分（オリジナリティ）を現時点で具体的に明示することは困難です。そのため、差分の関係を厳密に満たす必要はありません。

しかし、背景から導かれる「課題（＝最悪の結末）」と「効果・結論（＝バラ色の未来）」との裏返し関係は明確であり、背景と課題の逆説関係・手段と効果の順接関係は、きっちりとした立体的な関係性で結ばれています。これをベースに論拠を肉付けして企画書を組み立てれば、意思決定者が求める採否の判断基準も自然と満たせます。

また、視座の高さは、研究タイトル、自社ビジネスの課題点を踏まえた問題提起の正確さ、具体的な時期・リソースの見通し、見込まれる効果のバリエーションなどから明らかです。これは、部門・部署の方針のもとで、自身が取り組むべき研究開発の位置づけを正確に理解できているからこそ可能になるのです。

繰り返しますが、多少無理があっても首尾一貫して研究領域の重要性を主張しないと話が始まりませんし、自身が希望する研究開発に携われるチャンスも巡ってきません。また、自分から自発的にこうした提案を発信しなければ、エンジニア・研究者としての成長も鈍ってしまいます。

これを好転させる基礎となるのは、正しいテクニカルライティング

背景・前提

- 最も情報処理ニーズの高いデータは、自然言語で記載された文書データである(2015年に実施した市場調査)。特に、人間が判断・アクションするための前処理として、大量の文書データを所定の基準に則って分類するニーズは高い。
- ディープラーニングの普及に伴う「第3次人工知能ブーム」を背景として、文書処理を中心とする高度な情報処理技術に今後も注目とニーズが高まると予想される。

しかし

課題

- 当社はビジネス用途のクラウド文書管理サービス「Knowledge Organizer」を2016年4月にリリースしたが、最もニーズの高い「分類機能」の精度に対して、74%の顧客が「不満足」または「やや不満足」であることが明らかになっている。
- ニーズの高い機能で相対的に劣位となれば、当社サービスのシェアを低下させるおそれがあり、ひいては当社の価値自体が低下し、採用ブランドまで毀損することが考えられる。
- 実応用に堪える精度まで達することは、技術的に難しい。
- 当社は組織的に次世代の最新技術に追随する取り組みが競合他社と比較して遅れている。
- これを放置すると長期的な研究開発力を低下させ、最終的には既存サービスに対する付加価値向上に悪影響を及ぼすことが考えられる。

手段・アプローチ

- 次世代の情報処理技術として近年注目を集めているニューラルネットワーク関連技術と、最新の文書分類アルゴリズムとを併用することによって、精度向上に向けた取り組みを進める。
- 人間による模範分類の信頼性が低い場合を想定し、抽出した意味から自律的に分類基準を発見し、分類結果を提案する最新アルゴリズムの実用性を検証する。
- この分野に精通した社外専門家を招聘して当社研究員と協働させ、アドバイスを仰ぎながら取り組みを加速させる。
- これにより、既存サービスの精度向上を迅速に図るとともに、社外の専門知識を取り入れながら、この研究開発を端緒として組織的に次世代技術を開発するための足掛かりとする。

だから

効果・結論

- 既存ソリューションの付加価値向上による導入数の増加とシェアの拡大
- 最新技術を応用した研究開発と産学連携を活用した取り組みに関する対外的アピール
- 対外的アピールによる当社価値の向上と採用ブランドの強化
- 最新技術の応用研究をとおした次世代技術に関するノウハウの蓄積
- 社外専門家と協働した研究開発に携わることによるエンジニア・研究者の勤労意欲向上
- 産学連携を活用した大学（研究室）とのリレーション構築

図5-5：優れた企画書を黄金フォーマットに当てはめた結果

の作法にのっとった思考の言語化であることを、再三強調したいと思います。

総合力が試される「論文・技術報告」

思考整理で論拠を詰めて必然の結果を得る

6-1 民間企業でも推奨される論文執筆

自前主義を徹底する製造業が日本の主力産業であった時代では、民間企業の研究者が論文を発表することなどほとんどありませんでした。各社はしのぎを削って自社製品に最適な応用技術を独自開発していたため、「学術論文」という形式で成果を社外に発表する動機に乏しかったからです。

しかし、産業の軸足がソフトウェアに移り、インターネットが普及して情報の流通が加速し、オープンイノベーションの思想が受け入れられるにつれて、ソフトウェアサービスを提供するテクノロジー企業を中心とした民間企業のエンジニア・研究者が、論文を発表することが増えています。特に、優秀なエンジニア・研究者は、自社内にとどまらず世界の最先端の技術開発にコミットしたがるので、より良いエンジニア・研究者の採用へ繋げるために企業も発表を後押ししているのです。

そのため、学生や学術界の研究者だけでなく、民間企業に勤めるエンジニア・研究者にとっても、トップクラスの論文誌・国際学会予稿に採録されることを狙って日々の研究開発に取り組むことは1つの大きなモチベーションになるでしょう。

ただし、トップクラスに採録されるためには、オリジナリティの高さやインパクトの大きさだけでなく、技術文書としての質の高さも求められます。成果が凡庸で採録されない場合はもちろん、際だった成果が査読者に理解されずに採録されない場合もあるので、読み手に配慮したテクニカルライティングが必要になります。

そこで、この最後の章では、本書の総括を兼ねて論文執筆の取り組み方を説明します。

6-2 論文の項目は黄金フォーマットの各ボックスに対応する

学術分野にもよりますが、論文、国際学会予稿、技術報告など（本書ではすべて「論文」と総称します）、学術的な文書はだいたい次の6つの項目から構成されます。

（1） 先行研究：関連する先行研究を紹介し、本研究のオリジナリティを説明する
（2） 課題：本研究で解決したい課題を提示する
（3） 手段：課題を解決するためのアプローチを説明する
（4） 結果・分析：手段によって得られた結果を示し、どこまで課題を解決できたか（インパクト）を説明する
（5） 考察：そのような結果を得た理由を検討する
（6） 結論：（1）～（5）のプロセスを要約し、今後の課題を示す

すべての項目が、本書で説明してきた黄金フォーマットに対応していることが分かると思います。そのため、ここまで解説してきたテクニカルライティングの作法は、論文執筆の基礎としても役立ちます。ここでは、論文に記載すべき各項目の意味を説明します。

先行研究
―― 黄金フォーマットにおける「背景・前提」

先行研究の項目は、黄金フォーマットの「背景・前提」欄に対応します。

つまり、**その研究分野において、「いま、どのような方法で、何がどこまで達成されているか」**という基礎を明確にする項目です。

この項目では、先行研究となった論文を引用しながら、自分が専門とする分野の「研究史」を編集するつもりで書くことが重要です。その分野がどのように発展して今の自分が立っているかを紹介すれば,自分の研究の前提となる問いを先の偉人たちに答えてもらうことができ、ここで自分が答えるべき問いに強くフォーカスできます。

自分の研究の価値を正しくアピールするためにも、先行研究の内容をリスペクトとともに深く理解し、それをベースラインとして基礎づけることが重要です。その分野の専門家としての勉強量・誠実さが現れる項目と言えます。

課題
—— 黄金フォーマットにおける「課題」

課題の項目は、黄金フォーマットの「課題」欄に対応します。つまり、**その研究分野における最新の研究成果をもってしても解決できないこととその原因を明確にする項目**です。

具体的には、理想と現実（先行研究の成果）とのギャップを埋めるために、自分はどのように課題を定義してその解決に挑んだのか、なぜその課題に挑んだのか（その解決にどのような意義があるのか）、なぜ先行研究はその課題を解決できなかったのか——先行研究の項目と課題の項目との間で「しかし」の逆説関係が成立するように、これらをすべて明らかにする必要があります。

未解決の課題がない先行研究など存在しません。むしろ、先行研究が優れているほど、残された課題がいくつも示唆されています。自分が専門とする分野の研究動向を日ごろから追跡し、課題の所在をつかんでいればこの項目を自然に埋めることができ、それに応じて解決の糸口も見つかるはずです。

ヤフー株式会社でCSOを務める安宅和人さんは、その著書『イシューからはじめよ』[注1]のなかで、生物学者である利根川進さんが師匠（リナート・ダルベッコ）から受けた次の言葉を紹介しています。

> ダルベッコが後に僕のことをほめていうには、トネガワはそのときアベイラブル（利用可能）なテクノロジーのぎりぎり最先端のところで生物学的に残っている重要問題のうち、なにが解けそうかを見つけ出すのがうまい、というんだね。……（略）……いくらいいアイデアがあっても、それを可能にするテクノロジーがなければ絶対にできない。だけど、みんなこれはテクノロジーがなくてできないと思っていることの中にも、そのときアベイラブルなテクノロジーをぎりぎりまでうまく利用すれば、なんとかできちゃうという微妙な境界領域があるんですね……（略）

そして、安宅さんは同書で「利根川の言葉はよいイシューの本質をよくとらえている。どれほどカギとなる問いであっても、『答えを出せないもの』はよいイシューとは言えないのだ。『答えを出せる範囲でもっともインパクトのある問い』こそが意味のあるイシューとなる」と述べています。

要するに、先行研究をどれほど詳しく知っており、それをどこまで明確に言語化できているか、言い換えれば「基礎がどれほど強固か」

注1　安宅和人 著『イシューからはじめよ ―― 知的生産の「シンプルな本質」』、英治出版、2010年

が課題の質を決定づけ、それが最終的にはオリジナリティとインパクトに反映されるということです。

先行研究の項目で固めた基礎を足掛かりにして、「自分の課題を定義する（定式化する）」ことが、この項目で書くべき内容です。

手段
―― 黄金フォーマットにおける「手段・アプローチ」

手段の項目は、黄金フォーマットの「手段・アプローチ」欄に対応します。つまり、**これまで未解決だった課題を解決できるアプローチと、その研究分野における従来のアプローチとの差分（オリジナリティ）を明確にする項目**です。

具体的には、先行研究と何がどう異なるのか（差異はどこにあるのか）、なぜその差異を生み出すに至ったのか（どのような過程を経てそのオリジナリティを思いついたのか）――先行研究の項目と手段の項目との間で「差分」の関係が成立するように、オリジナリティ「のみ」を抽出する必要があります。

多くの先人たちが築き上げた先行研究の前では、自分のオリジナリティなど実にささやかなものです。先行研究の項目で研究史を詳細に詰めるほど、それが痛感されるものです。それでも「論文が書ける」ということは、何かしら「new（＝オリジナリティ）」があるはずなので、積み上がった研究史の一番上にそれを載せるように自分のオリジナリティと、それを生み出すに至った経緯とを正確に述べることが重要です。

自分の取り組みを説明する項目ですので、エンジニア・研究者として最も気合いを込めて書けるところですが、他の項目との関係性を意識しながら、あくまでも端的・明確に説明する方が読み手の心証は良くなります。

結果・分析と考察
―― 黄金フォーマットにおける「効果・結論」

結果・分析と考察の項目は、黄金フォーマットの「効果・結論」欄に対応します。つまり、**先行研究の成果をもってしても解決できなかった課題を、この研究の成果で解決できるという結論とその論拠を明確にする項目**です。

具体的には、その課題はどこまで解決できたのか（インパクトはどの程度か）、なぜそのオリジナリティで課題が解決できるのか（論拠は何か）、未解決のまま残された課題は何か、なぜこの研究ではその課題を解決できなかったのか――「手段」の項目との間で「だから」の順接関係が成立し、課題の項目との間で「裏返し」の関係が成立するように、これらをすべて明らかにする必要があります。

裏返し関係が成立する以上、論文では課題を掲げた時点で結果はほとんど確定しています。昔話と同じで、最後は必ず「めでたし、めでたし」で終わるに決まっているのです。結果を出したエンジニア・研究者は自信満々でそれを披露したい気分になるのですが、その分野を専門とする読者にとっては退屈なだけですので、事実をさらりと書けば十分です。

逆に、読者から注目を集める箇所は、分析（何がどこまでめでたかったか）と考察（なぜめでたい結果が得られたか）です。**論文の一義的な目的は、オリジナリティと結果が順接関係で結ばれる理由（論拠）を伝えることにあるので、「なぜめでたい結果が得られたか」を考察する項目が特に重要です**。オリジナリティを生み出したエンジニア・研究者にとっては、「蛇口をひねれば水が出る」と同じ程度に当然と考えられる**因果（順接関係）を読者に分かりやすく伝えてこそ論文として**

価値が出るのです。オリジナリティは課題解決に最短で到達するアイデアのはずなので、そのオリジナリティがどのように作用して課題解決に寄与したかを考察の項目で掘り下げましょう。

また、「何がどこまでめでたかったか」は、裏返し関係の強度（インパクト）を意味するので、分析の項目で詳細に説明する必要があります。例えば、「これまで画像の認識精度は高々96%であった」ことを課題としたなら、その精度を何%引き上げることに成功したか、その精度向上はどのような意味を持つかを説明する必要があります。逆に、「めでたくなかったことは何か」「それはどこまでめでたくなかったか」「なぜめでたくなかったか」も同時に明らかになるはずです。今回のオリジナリティでは解決できず、引き続き課題として残されたことを正確に言語化できれば、それを自分で解決するための道筋も見えてきます。

まとめると、結果（さらりと）→分析（詳細に）→考察（深く掘り下げて）と、順に内容が深まっていくイメージです。めでたい結果には理由（オリジナリティがインパクトを生む十分な要素）があり、めでたくない結果には原因（オリジナリティの不足）があります。

具体的な結果に一喜一憂するよりも、あらゆる視点から「なぜ？」という読者の疑問に先回りして答える姿勢を持つことの方が重要で、この姿勢の正しさで課題の設定からその解決のインパクトの大きさが変わることを認識しましょう。

結論
―― 黄金フォーマットのすべての欄を総括する

結論の項目は、**黄金フォーマットに含まれるすべての欄に記載した内容を総括する項目**です。

つまり、自分は何を課題として認識し、どのようなアプローチで先行研究のどの部分をどのように改善し、その結果として何が達成されて何が次の課題として残されたかを最後にまとめる項目です。先の各項目からポイントを抜粋してまとめるだけなので、各項目の記載が充実してさえいれば、この項目を明確に記載することは難しくありません。

6-3 結果が出るまでに論文を書き上げる

先に説明したように、順接関係が強固であれば、何がどこまで達成できるか（インパクト）は理論的・経験的に予測できます。つまり、科学研究の分野では、基礎をしっかりと把握し、課題を適切に設定し、それを解決できるオリジナルなアプローチを採用し、それが課題解決にどう作用するかが明確であれば、結果に対して事前に見通しが立つはずなのです（もちろん、第2章で楠木建さんの「経営学は『科学』ではない」という言葉を引用したように、実社会のビジネスなどを扱うような分野では少し話は異なると思いますが)。

そのため、研究を企画する段階で最終的な落としどころを見極められさえすれば、実際の研究活動と並行して論文を執筆できます。これにより、研究の途中で思考の詰めが甘い部分が明らかになったり、方向性がずれていることを自覚できるようになったりするため、結果が出揃うまでの間に論文の要旨だけでも固めておく方がよいでしょう。

そうすれば、もし当初予測した結果を下回る成果しか出なかった場合でも、その原因について仮説を立て、当初の目論見との誤差を修正するためのアクションを素早く実行に移すことができます。

大学院での私の指導教官は、1年に4本論文を出すことがプロの研究者の仕事だと言っていました。つまり、最初の1ヶ月で調査・課題設定・アプローチのアイデア出しを行い、次の1ヶ月でシミュレーションを実装し、それを走らせて具体的な結果を得て、最後の1ヶ月で論文を書くという「3ヶ月サイクル」を1年で4回転させるということです。もちろん、学術分野や研究テーマにもよりますが、相当優秀な研究者でなければできない離れ業だと思います（少なくとも当時の私にはまったくできる気がしませんでしたし、将来できるようになるとも思えませんでした）。

もしこのハイペースを維持しようとすれば、結果が出てから論文をまとめ始めるのでは遅すぎます。最初の1ヶ月で落としどころを決めておき、具体的な結果を得る前に、少なくとも論文の骨子を含めて半分以上は書き終わっていなければなりません。

つまり、自分の研究テーマの周辺にある課題を熟知している前提で（当然普段から大量に関連論文を読み込んでいる必要があります）、その課題を解決する意義と先行研究に対するオリジナリティとを明確化し、それがどのように作用してどれほどのインパクトを生みそうかを予想して、事前に結果まで書き切っておく必要があります。

極論すれば、エンジニア・研究者の仕事は「思考を整理する」（論拠を明らかにする）という最初の1ヶ月で終わっており、残りの2ヶ月は単なる「手の運動」なのです。そして、思考を整理するためには——本書ではもう何度も繰り返しましたが——言語化（文書化）が必要です。

つまり、**「成果が出たから論文を書く」のではなく、「論文を書けば（思考が整理されれば）、その論拠が導くとおりに成果が出る」という順序が理想**なのです。そう考えれば、「3ヶ月を4回転」も（できるかどうかは別として）理解できます。

6-4 最初に報告する相手は自分自身

あるレベル以上の実務能力を備えたエンジニア・研究者であれば、「新しいことを考えて結果を出す」こと自体は、それほど難しいことではないでしょう。特に、情報科学の分野では研究開発に必要となるプラットフォームの整備・普及が一気に進み、「考えたことを試す」ことの敷居がぐっと低くなりました。例えば、私が学生のころは、機械学習のアルゴリズムを使おうとすれば自分で最初からプログラミングすることが基本だったのですが、いまではTensorFlowなどのライブラリを導入するだけでほとんどのアルゴリズムを簡単に使えます。

そのため、エンジニア・研究者の意識が「手を動かすこと」に集中する傾向が強まっています。言い換えれば、第1章で説明したように、ふるいにかける砂の存在する範囲が「すべての川底」という途方もない面積に広がっていても、仮説を立ててその面積を絞り込まないまま、ブルドーザーを動かして全部ふるいにかけてしまえるのです。

しかし、こうしたテクニック重視の力技で「結果を出す」ことだけに意識が向いてしまうと、真にインパクトのある意義深い結果を残すことは難しいでしょう。「ベースラインからロジックを積み上げる」という地味で地道な研究開発の正道を迂回した邪道に過ぎないからです。つまり、課題が未解決のまま残されていることに対して仮説を立て、「こうすればこの課題を解決できることは必然だ」と言い切れる程度まで思考を整理しないまま、目に見える結果だけを追いがちになってしまうからです。安宅さんの言葉を借れば「よいイシューを見極め切れていない」ということであり、これでは最もインパクトのある結果を選ぶことができません。

トップジャーナルに掲載される論文では、その研究成果が輝かしいため、研究者の地道な思考の積み上げは目立ちません。しかし、彼ら／彼女らは、言語化を通してオリジナリティの本質を自分自身に報告し、**インパクトを最大化するオリジナリティを主体的に選んでいる**に違いないのです。真のオリジナリティが客観化される程度まで自分自身がそれを深く理解することは意外と難しいことを、優秀な研究者はよく知っており、だからこそそれが浮き彫りになるような言語化を日々積み上げているはずです。

論文は、エンジニア・研究者が取り組んだ研究開発の成果をまとめ上げた集大成です。それは、オリジナリティ・インパクトとそれらを結ぶ論拠（どのようなカラクリでその結果が得られるか）を詰め切った緻密な思考を、自分自身に報告し続けた蓄積から成っています。そして、その蓄積は——これも本書をとおして繰り返し説明したことですが——正しいテクニカルライティングの作法を身につけて正確に思考を整理できるからこそ、意味のある蓄積としてインパクトのある論文に繋がるのだと、最後にもう一度強調したいと思います。

サーベイ論文を読んで先行研究の潮流を理解する

研究開発を進めるためには、その技術分野において「いま、どのような方法で、何がどこまで達成されているか」という基礎（ベースライン）を明確にすることが最初に重要と強調してきました。基礎を正確に把握するためには先行研究に関する論文を読みあさるしかないのですが、自分好みの論文を適当にピックアップして読んでも先行研究の潮流（トレンド）は分かりません。潮流を理解するためには、葉っぱを手に取って見るのではなく、ロングレンジで幹を眺める必要があります。これに最適なツールが、いわゆる「サーベイ論文」です。

サーベイ論文は、特定の研究テーマに関する先行研究を網羅的に調査（サーベイ）し、その結果を体系的に説明した論文です。いわば「論文の論文」であり、よほどニッチな研究テーマでない限り、代表的なものがあるはずです。サーベイ論文は長大なものが多いため読むのが大変ですが、自分が携わる研究テーマの大局を把握するにはうってつけです。これを読めばテーマ全体を俯瞰できるため、重点的に基礎づけるポイントを効率よく特定できます。

ただし、サーベイ論文は著者の解釈を含む2次情報なので、それだけを読んで詳細まで理解したつもりになるのは危険です。気になる先行研究があればその原著（サーベイ論文にはもちろん多数の論文が引用されています）を読み込み、詳細まで踏み込んで理解することが重要です。

おわりに
——エンジニア・研究者として成果を出し続けるために

テクニカルライティングで思考を整理して成果を出す

人間は言葉を使って考えます。そのため、「思考する」ことと「言語化する」こととは、一体不可分の「才能（センス）」のように見えますが、これらは別個の「能力（スキル）」に過ぎず、正しい方法で訓練を積めば必ず伸ばせるものです。ただし、別個である以上、その伸ばし方は当然異なります。

本書では「技術的な内容を正しく他人に伝える能力」を、エンジニア・研究者に求められる「コミュニケーション能力」と定義しました。具体的には、先行技術との相対的な関係に基づいて課題を設定し、仮説を立て、解決策を検討する——こうした一連の思考を整理し、言語によって文書化する能力です。この能力の伸ばし方として、「黄金フォーマットにのっとって記載の自由度を下げる」という方法を紹介しました。これにより、立体的な関係性に意識が向いて相対化が強制され、それに沿って言語化を進めれば自動的に思考が整理されます。

そして、この能力が伸びれば「実務を推進する能力」も伸びるため、結果として研究開発において成果を上げやすくなると説明しました。なぜなら、多くのエンジニア・研究者に接してきた私の経験によれば、「論理的な文章が書けるから、論理的に思考できる」（だから成果が上がる）は間違いないからです。

エンジニア・研究者としての足腰を鍛えよう

エンジニア・研究者は、実務能力を伸ばすことに熱心です。特に、今まさに産業として花形で、技術トレンドの変化が激しい情報科学の分野では、新しい技術にキャッチアップしようと優秀な人々が日々努力しています。実務能力を直接磨くことには即効性があり、特に若い人にはメキメキと自身の成長を感じられるでしょう。

しかし、どの分野におけるスポーツ選手もその実力を支える足腰を鍛えるために、地味な走り込みを続けるように、エンジニア・研究者もその実務能力を支えるコミュニケーション能力を鍛える努力が必要です。上から与えられる課題を片付けるだけの立場のうちは足腰が弱くても通用するのですが、自分で課題を設定し、仮説を立て、解決策を検討するという高度な思考が求められるにつれて、この「足腰の強さ」で差がつきます。スキルが陳腐化するスピードの速いIT分野では、特にその傾向が顕著になります。

第1章の後半で述べたとおり、コミュニケーション能力が足りないことの真の恐ろしさは、「それを自覚できない」ところにあります。自分の実務能力に内心で自信を持っており、位置づけを把握している「つもり」で、だから正しく言語化できている「つもり」のままエッセイを書き続ける人は少なくありません。そのため、上司・先輩から「理解できない」と言われる人、知財部から発明届出書を突き返される人、同僚と技術的な議論をしても話がかみ合わない人などは、慎重に自分の能力を見直す機会が必要です。他人から理解してもらえない文章しか書けない人は、そもそも論理的に思考できていない可能性が高いからです。

繰り返しますが、**研究開発にはコミュニケーション能力という「強靭な足腰」が必要**です。これを鍛えるのは早ければ早いほうがいいので、若手と呼ばれるうちから意識的に改善する努力が重要です。

『成人発達理論による能力の成長』注1という本には、次のようなことが書かれています。

> 私たちの日々の生活の中では、言葉にならないような身体感覚や感情などが常に存在しています。しかしながら、私たちはそうした身体感覚や感情を言葉にしないことによって、しばしばそれらに翻弄されることが起こります。……（略）……言葉の形になっていないものは、自分の中でほとんど未知なものとして存在しており、それらと同化しているがゆえに、私たちはそれらを客観的に把握しながら対応することができないのです。

誤解を含むことを承知であえて要約するなら、「普段から言語化するから何にでもPDCAを回すことができ、PDCAを回せるからこそ能力が向上する」ということです。

例えば、街中にあふれる広告を眺めて「あのコピーがなんかいいよね」と感心しているうちは、プロのコピーライターにはなれないそうです。プロになるためには、「何がどういいのか？」「なぜいいのか？」「自分だったらどう書くか？」「その結果どうなるか？」など、いろいろな切り口で「なんかいいよね」を言語化して自分の血肉に変える必要があるのです。

なお、同書には次のようなことも書かれています。

> 書籍を読むことが決して勉強なのではなく、読んだ内容を自分な

注1　加藤洋平 著『成人発達理論による能力の成長 ―― ダイナミックスキル理論の実践的活用法』、日本能率協会マネジメントセンター、2017年

りの言葉に変換し、そこからさらに自分独自の考え方や方法論を育んでいていくことが何より大切なのです。多くの人は、他者の言葉を取り入れることに熱心なのですが、自分の言葉を生み出すことに無頓着です。

つまり、「書く能力＝思考する能力」ということであり、「自分の言葉を生み出す」という「位置づけに基づく言語化」によって能力を伸ばす必要があるということです。書くことによって私たちの思考は洗練され、知識がアップデートされるのです。

言語化が改善を生み出す基盤となる

日本の科学技術の衰退が懸念されるなか、世界と伍して活躍する日本人のエンジニア・研究者は大勢います。彼ら／彼女らは、もちろん才能を持っているでしょうが、その思考を精緻に言語化する独自の積み上げがあるに違いありません。そうでなければ、「できる」と「できない」のギリギリに位置する尖った課題を発見し、これを解決するジャンプアップなど決してできないからです。

科学技術は、常に人間の生活を改善してきました。それを支えるのは、エンジニア・研究者による研究開発の取り組みです。そして、その成果は人間の抽象的な思考を「言語化する」ことによって生まれるものであるため、**言語化の能力こそ改善を生み出す基盤**になります。

テクニカルライティングの作法は、その能力を底上げする有効なテクニックです。本書で身につけたテクニカルライティングの作法によって、多くのエンジニア・研究者がより良い成果を上げることを願っています。

■著者プロフィール

藤田 肇（ふじた はじめ）

技術経営コンサルタント・弁理士。株式会社リジー 代表取締役。「人工知能 冬の時代」に機械学習・人工知能を専攻し、研究者・データサイエンティストとして活躍後、弁理士資格を取得。大手特許事務所でテクニカルライティングを習得し、AI関連企業で技術戦略・知財戦略の立案・推進に携わる。その後、技術・事業・知的財産の融合領域における専門知識を生かして独立。テクノロジー企業を中心に、技術経営・知財戦略に関するコンサルティングを提供する。朝日新聞社主催「AI FORUM 2018」、ソフトバンクC&S主催研修会、日本弁理士会主催継続研修など各種イベント・研修会の講師を多数務めるほか、「人工知能が支える先進医療」（野村ヘルスケアノート）など多数執筆。

Web：https://www.lisi.jp/
Twitter：@fujitahajime

■Staff

装丁●井上 新八
本文デザイン・DTP●株式会社トップスタジオ
担当●村下 昇平
サポートページ● https://gihyo.jp/book/2019/978-4-297-10406-1

成果(せいか)を生(う)み出(だ)すテクニカルライティング

トップエンジニア・研究者(けんきゅうしゃ)が実践(じっせん)する思考整理法(しこうせいりほう)

2019年3月 5日　初版　第1刷発行
2023年3月11日　初版　第2刷発行

著　者　藤田(ふじた) 肇(はじめ)
発行者　片岡　巌
発行所　株式会社技術評論社
東京都新宿区市谷左内町21-13
電話　03-3513-6150　販売促進部
03-3513-6177　雑誌編集部
印刷／製本　株式会社加藤文明社

定価はカバーに表示してあります。

ISBN978-4-297-10406-1 C3055
Printed in Japan

■お問い合わせについて

●ご質問は、本書に記載されている内容に関するものに限定させていただきます。本書の内容と関係のない質問には一切お答えできませんので、あらかじめご了承ください。

●電話でのご質問は一切受け付けておりません。FAXまたは書面にて下記までお送りください。また、ご質問の際には、書名と該当ページ、返信先を明記してくださいますようお願いいたします。

●お送りいただいた質問には、できる限り迅速に回答できるよう努力しておりますが、お答えするまでに時間がかかる場合がございます。また、回答の期日を指定いただいた場合でも、ご希望にお応えできるとは限りませんので、あらかじめご了承ください。

■問い合わせ先

〒162-0846
東京都新宿区市谷左内町21-13
株式会社技術評論社　雑誌編集部
「成果を生み出すテクニカルライティング」係
FAX：03-3513-6173